아파트 풍수인테리어

Apartment

風水

Interior

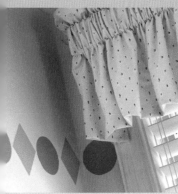

아파트 풍수인테리어

지은이 | 전항수·주장관
펴낸이 | 최병섭
펴낸곳 | 이가출판사
초판 1쇄 발행 | 2016년 4월 20일
출판등록 | 1987년 11월 23일
주　　소 | 서울시 영등포구 도신로 51길 4
대표전화 | 716-3767
팩시밀리 | 716-3768
E-mail | ega11@hanmail.net
ISBN | 978-89-7547-111-7 (13590)

아파트 풍수인테리어

전항수 · 주장관 지음

이가출판사

머리말

풍수지리(風水地理)는 동양의 근본 사상인 음양오행(陰陽五行)의 공간적 해석이라 할 수 있다.

음양오행이 조화와 균형을 향해 끊임없이 서로 작용하면서 발전하는 것이 우주원리의 기본 틀이다. 인체의 생리는 우주원리에 조응하기 때문에 우리는 그것에 충실해야 모든 것이 편안하고 행복할 수 있다.

좋은 땅을 찾아 집을 짓는 것이 원래 풍수지리의 목적이다. 하지만 지금은 좋은 땅을 찾아 안식처를 구하기란 매우 어렵다. 따라서 좋은 땅뿐만 아니라 내부 공간 역시 선택의 여지가 거의 없으므로 '풍수인테리어'를 이용해 나에게 맞는 공간을 만드는 것이 최선이다.

풍수인테리어는 디자인과 공간의 효율성을 위한 실용성과 아울러 사람과 공간의 원활한 기운의 소통이 그 목적이다. 풍수인테리어뿐만 아니라 풍수지리 자체가 자연과의 소통과 조화, 균형을 말하고 있다. 그러므로 부분적인 조화와 균형과 함께 전체적인 균형미가 풍수지리의 기본인 것이다.

　산과 물(자연)이 어울려 만든 명당을 볼 때마다 그 조화와 균형미에 감탄하여 입이 저절로 벌어지고는 한다.

　우리 스스로 좋은 땅과 풍수지리에 맞게 집을 지어 살 수 있다면 더할 나위 없을 것이다. 하지만 대부분은 이미 지어진 집에 거주하므로 풍수인테리어를 이용하여 행복한 공간으로 꾸미는 것이 최선이라 생각한다. 다만 개인의 성격이나 취향이 각각 다르기 때문에 책 내용이나 풍수지리 이론을 무조건 따르기보다 본인에게 맞도록 응용함이 옳으리라 생각된다.

　풍수인테리어뿐만 아니라 실생활에서 우리는 음양오행의 상생(相生)을 강조하고 상극(相剋)은 무조건 피하는 경향이 있다. 그런데 일방적인 상생은 오히려 상대방의 희생을 강요하게 될 때도 있다.

　나무 땔감을 이용하여 불을 피우지만 불의 따뜻함이 나무를 자라게 한다. 나무에게도 도움이 되는 상부상조(가역적)의 패턴이다. 옛 사람들이 수화불상역(水火不相射, 물과 불은 서로 싫어하지 않음)이라고 말했듯이 상극이라도 서로 어울려 맛있는 요리가 만들어지는 것이다. 또한 나무와 쇠붙이가 서로 상극이지만

조각칼로 나무가 다듬어져 예술품이 탄생되듯 상생과 상극을 잘 활용해야 적은 비용에 좋은 효과를 볼 수 있을 것이다.

상생의 색깔이 서로 총기를 잃은 느낌을 줄 때가 있다. 반면 상극의 색깔이라도 적당히 매치시키면 서로 조화와 균형 속에서 산뜻하고 빛나는 총기를 드러내기도 한다.

산과 물이 어울려 만든 명당은 조화와 균형으로 일사분란하게 이루어진 것이다. 우리의 취향에 맞게 활용하는 인위적인 풍수인테리어에도 조화와 균형이 무엇보다 중요하다고 본다. 이와 같은 것들을 참고하여 주택의 대명사가 된 아파트 공간에 풍수인테리어를 적용하면 좋은 결과를 얻으리라 생각한다.

출판에 많은 도움을 준 정오를 비롯한 경오, 한국풍수지리연구원 회원들에게 감사를 드린다.

C·O·N·T·E·N·T·S

CHAPTER **3** 아파트에도 명당이 있다

Tip

풍수인테리어는 자연이 아니라 바로 사람을 이롭게 하는 것이다. 자연에 사람을 끼워 맞추는 것이 아니라 사람이 살아가는 데 필요한 자연 속의 요소가 무엇이며 삶에 어떻게 이용할 것인가를 말하고 있다.

사람은 자연의 일부임을 한시도 잊어서는 안 된다. 자연은 냉혹하기 때문에 섣불리 덤비다가는 큰 낭패를 보게 된다. 자연의 이용에도 신중에 신중을 기해야 한다.

CHAPTER
1

아파트 인테리어의 기본은 풍수다

1 풍수를 따르면 길운이 열린다

풍수(風水)는 자연의 숨겨진 비밀을 알아내어 우리가 그 자연과 일치되면서 터득한 지혜가 체계화된 것이다.

풍수는 집의 형태, 구조와 설비, 배치 등을 음양오행학적(陰陽五行學的) 이법이나 현대 건축공학에 어울리게 하는 방법을 연구하는 철학적이며 과학적인 학문이다.

여기서 풍수가 음양오행학적으로 알맞다는 것은 직접 감지할 수 없는 신비한 우주의 정기를 인간에게 유리하게 조절하는 형이상학적 방법론에 적합함을 말하는 것이다. 또한 과학적이라는 것은 직접 감지할 수 있는 채광, 통풍, 환경, 위생, 이용의 편리 등을 인간생활에 유익하게 배치하는 형이하학적 방법에 적합함을 뜻한다.

풍수는 사람들의 마음속에 이중적으로 의식화되어 있다. 평소 풍수를

미신이라고 일축하다가도 막상 본인이 흉한 일을 당하면 풍수사를 동원
하기도 한다. 풍수는 자연과 인간을 조화롭게 하여 좋은 기운을 취하자
는 것으로 더 이상 미신이 아니다.

　오늘날 풍수로 길흉화복을 따지는 것은 과거 묏자리를 위해 좋은 터
를 잡았던 일보다 더 자주 벌어지고 있다. 단지 그 운은 현재 집에 거주
하는 사람에 한정되기 때문에 그 해로움이 덜한 편이다.

　집의 구조, 형태, 배치가 자연법칙인 풍수에 맞아야 한다. 그 원리를
좇으면 길운이 있고 그렇지 못하면 액운이 따른다. 길흉 여부는 주로 자
손의 많고 적음과 성공여부, 배우자와 재산운을 가름한다.

2 풍수인테리어로 운명을 바꿀 수 있다

풍수에서는 만물의 근원을 기(氣)로 여긴다. 기를 세상의 모든 만물을 구성하고 모든 형상을 일으키는 기초로 본다. 모든 살아 있는 생명의 기는 음과 양으로 구성된다. 또한 음양오행의 기를 본질로 하여 기의 많고 적음, 성하고 쇠함에 따라 자연은 물론 사람도 변화한다고 믿는다.

만물은 동일한 생기(生氣)에서 생긴 것이면서도 모두 제각기 다른 특색과 운명을 가지고 있다. 사람도 음양오행의 생기에 의해 태어나며 그것에 의해 삶을 유지하게 된다. 결국 생기를 입는 일의 많고 적음에 따라 그 운명이 달라져 인생의 귀천, 빈부가 일어난다.

이처럼 운명의 지배력을 지닌 생기를 인위적으로 다룰 수 있다면 어떨까? 한마디로 자신의 운명을 스스로 좌우할 수 있을 것이다. 풍수인테리어는 곧 생기를 인위적으로 좌우하여 행복을 증진시키고자 하는 것이다.

3 좋은 기운이 넘치는 집은 만들어진다

조선 후기 실학자 이중환의 《택리지(擇里志)》에 따르면 집터를 잡을 때 우선 지리(풍수)가 좋아야 한다고 되어있다. 다음으로는 생리(生利, 이익을 냄)가 좋고 인심이 좋으며 아름다운 산과 물이 있어야 된다는 것이다.

《택리지》가 유용되던 그 시대와 지금은 완전히 다르지만 사람이 살아가고 있다는 사실만은 변함이 없다. 단지 경제행위의 대상이나 방법에 차이가 있을 뿐이다. 현재는 생활의 편리함 추구나 과학 기술의 발달로 인해 과거보다 신속하게 변화되고 있다. 하지만 여전히 세끼의 밥을 먹고 잠자며 살아가는 생활 방식에는 별다른 변화가 없다.

사람은 살아 있는 생명체다. 항상 환경에 민감하며 정신과 육체의 상황에 따라서 기분이 좋아지기도 하고 나빠지기도 한다. 날씨의 변화, 색

깔, 소리, 주변 환경, 주거 형태, 함께 생활하는 사람 등과 같이 많은 변
수와의 흐름에서 때로는 좋은 기운이나 기분으로, 때로는 나쁜 기운이
나 기분으로 변화를 가져오게 된다.

　현대 사회에서 집의 개념은 사람이 살아가는 안락한 공간을 의미한
다. 그래서 우리에게 무엇보다 중요한 터가 된다. 집이란 가족의 안녕과
건강에 직접적인 영향을 미치는 거주 공간이기 때문이다.

4 좋은 집은 자고 일어나면 피로가 풀린다

좋은 집이란 간단히 말해 좋은 기가 충만한 곳이다. 좋은 기가 모여 있는 곳은 무의식, 무방비 상태로 잠을 자더라도 편안한 숙면을 이끌어 준다. 정신적, 육체적 노동으로 혹사당한 몸에서 나쁜 기운을 빼내주고 좋은 기운을 불어넣어 깨어났을 때 활기찬 하루를 맞이할 수 있도록 해 준다.

나쁜 집에서 생활하게 되면 그 반대다. 지치고 피곤한 몸을 정화시키기는커녕 나쁜 기운을 더하게 된다. 이 때문에 피로가 풀리지 않고 계속 누적되는 결과를 초래한다.

사람은 기를 받고 또 발산하며 살아가는 존재다. 수많은 기가 몸으로 들어오기도 하고 나가기도 하는데 나쁜 기운의 침범은 마이너스일 수밖에 없다.

　공기, 태양, 빛 등의 천기(天氣)가 나쁘면 건강을 해친다. 맑은 공기는 좋은 천기지만 오염된 공기나 공해는 그렇지 못하다. 천기의 상태에 따라서 사람의 건강이 좌우된다. 또한 사람은 지기(地氣)를 받으며 살아간다. 특히 잠을 자는 동안 지기를 많이 받는다.

　자고 일어났을 때 두통과 함께 몸이 무겁고 상태가 좋지 않은 사람이라면 좋은 얼굴을 할 수가 없다. 결국 좋은 기를 받는 사람은 하는 일마다 잘될 것이며 나쁜 기를 받는 사람은 하는 일마다 꼬일 수밖에 없다.

　풍수인테리어는 자연이 아니라 바로 사람을 이롭게 하는 것이다. 자연에 사람을 끼워 맞추는 것이 아니라 사람이 살아가는 데 필요한 자연 속의 요소가 무엇이며 삶에 어떻게 이용할 것인가를 말하고 있다.

　사람은 자연의 일부임을 한시도 잊어서는 안 된다. 자연은 냉혹하기
때문에 섣불리 덤비다가는 큰 낭패를 보게 된다. 자연의 이용에도 신중
에 신중을 기해야 한다.

5 아파트에도 기가 작용한다

대도시뿐 아니라 중소도시를 가더라도 아파트가 숲을 이루고 있다. 심지어 허허벌판인 농촌에도 아파트가 들어서 있다. 처음에는 토지 이용률을 높이기 위해서 지었다면 최근에는 경제성과 생활의 편리함 때문에 선호한다.

도시에서는 높은 땅값으로 넓은 정원이 딸린 단독주택을 짓고 살기란 큰 부자가 아니면 상상조차 쉽지 않다. 설사 돈이 많다 하더라도 편리한 내부시설과 관리의 용이함 때문에 아파트에 대한 선호도는 점점 높아가고 있다. 이제 주택하면 먼저 아파트를 떠올릴 정도로 집의 대명사가 되어가고 있다.

아파트는 점점 고급화, 대형화, 고층화 되어가고 있는 추세다. 그래서 양택(陽宅, 사람의 집터) 풍수지리도 일반 주택이 아니라 아파트에 적용하

는 것이 보다 더 현실적이다. 기존의 담장과 대문, 마당, 주가 건물로 분
리하여 기를 측정했던 이론을 아파트라는 새로운 주택 구조에서 적용해
야 한다.

도시의 일반적인 단독주택 역시 마당이나 정원이 거의 없이 대문이
곧 현관문이 되는 경우가 많다. 그러므로 옛 전통의 가상(家相, 집의 위치·
방향·구조 등에 따라 길흉을 판단하는 풍수·지술) 이론을 따르기에는 무리가
있다. 그러나 기가 주택에 작용하는 이치는 변함이 없기에 전통의 가상
이론을 현대에 맞게 응용하여 활용함이 타당하다고 본다.

풍수인테리어의 주된 목적은 기의 균형과 조화를 구현하여 건강하고 활기 넘치는 에너지, 곧 생기가 감도는 공간을 조성하는 일이다. 가구와 소품 배치, 소재 및 색깔의 이용 등으로 집안의 오행이 서로 상생되고 생기가 머물 수 있는 공간이 되도록 만들어야 한다.

CHAPTER
2

운세 좋은 집은 만들어진다

1
좋은 집은 만들어진다

1
지나치게 커도 좋은 집 아니다

처음에 아파트는 대도시 주택난을 해결하고 토지 이용률을 높이기 위해서 작은 평수로 짓기 시작했다. 그러나 생활의 편리함 때문에 각광을 받으면서 점차 평수가 넓어졌다. 심지어 아파트 평수가 부의 척도로 평가되는 때도 있었다. 그러다 보니 경제적 형편이 허락되는 한 넓은 평수를 선호한다. 그러나 평수가 넓다고 하여 좋은 것은 아니다.

지나치게 넓으면 기 못 펴는 이유

풍수는 음양의 조화와 균형을 유지하는 학문인데 집은 음이고 사람은 양이다. 아파트 평수가 넓으면 음이 큰 것이고 가족 수가 적으면 양이 작은 것이다. 음이 양보다 커서 균형이 맞지 않으면 좋지 않은 일들이 발생한다. 반면에 가족은 많은데 너무 비좁은 평수라면 음은 작고 양이 큰 것이기에 이 또한 좋지 않다.

풍수적으로 볼 때 가장 이상적인 아파트 평수는 개인 당 전용 면적 포함 5~7평이다. 4인 가족의 경우 20평에서 30평 정도가 가장 알맞다. 손님이

자주 방문하거나 어른들만 사는 경우는 이보다 약간 넓어도 된다. 그렇지만 40평을 넘지 않는 것이 좋다.

사람이 집안에서는 기를 펴고 살아야 하는데 너무 넓으면 그 기운에 눌린다. 큰 집에 사람이 적으면 실내에 온기가 없이 썰렁한 한기만 감돈다. 또 필요 이상으로 불을 밝힐 수 없어 전체적으로 어둡기 마련이다. 한기와 어둠은 음이므로 이것이 강하게 작용하여 거주하는 사람들이 내성적인 성향을 보일 수 있다.

집에 빈방이 남아 오랫동안 방치되면 좋지 않으므로 가족 수에 따라 방의 수와 평수를 고려해야 한다. 또 가정의 화목을 위해서도 지나치게 동선이 긴 넓은 평수는 좋지 않다. 항상 집안에 음양의 조화가 적당하게 이루어져 생기발랄하게 생활할 수 있는 공간이 어느 정도의 크기인지 고려하여 평수를 결정해야 한다.

2
좋은 집은 인테리어가 조화롭다

풍수인테리어는 음양오행을 기초로 한 응용 풍수라고 할 수 있다.

집안의 모든 것은 조화를 이루어야 좋은 기운이 나오게 된다. 즉, 좋은 형태(모양), 좋은 향기, 오행에 맞는 색깔, 아름다운 소리, 식물(꽃)에서 좋은 기가 충만하게 되는 것은 자명하다.

어딘지 모르게 불안하고 균형이 깨져 있을 때는 나쁜 기운이 생길 수 있는 여지가 있다. 그래서 너무 어두우면 밝게, 너무 밝으면 적당하게 밝기를 조절하여 분위기를 조성하여야 한다.

이러한 것은 집뿐만이 아니라 사무실, 사업장 등 생활하는 공간 어디에도 적용할 수 있다. 인테리어는 그 집에 결정적인 영향을 주지는 않더라도 기를 순환시켜 심리적 안정을 찾도록 하는 데 상당한 도움이 된다.

조화로운 컬러와 소재

집안의 운세를 높이고 행운을 불러오는 공간을 만드는 가장 중요한 포인트는 전체적인 통일감이다. 가구나 소품 등의 컬러와 소재가 서로 다르면 공간 기운의 밸런스가 깨어져 가족의 운세가 하락하기 쉽다.

　거실의 경우 벽지는 연한 아이보리색을 사용하고 가구나 커튼은 컬러의 밸런스를 위해 베이지색이나 나무색 등 밝은 색상을 사용하면 좋다. 침실의 경우에도 커튼에 무늬가 없다면 침구는 무늬가 있는 것을, 커튼에 무늬가 있다면 침구는 무늬가 없는 비슷한 계열의 컬러로 단조로운 것을 사용하는 것이 밸런스뿐만 아니라 음양의 조화에도 맞는다.

　또한 계절 감각을 살리는 것도 중요하다. 봄에는 화사하고 밝은 꽃무늬를 중심으로, 여름에는 바다색의 물방울무늬와 풍경을 달아 시원스러운 느낌을 준다. 겨울에는 따뜻한 소재의 모직이나 털 패브릭을 사용하는 것이 바람직하다. 또한 집안의 물건은 3년에서 5년 주기로 새것으로 교체하여 주는 것이 좋다.

집안의 기를 좋게 하는 소품

꽃이나 식물은 자연의 좋은 기운을 흡수하여 기의 밸런스를 조절해 준다. 집안의 식물은 싱그러움이 넘치고 건강한 느낌을 주기 때문에 가족의 정서에도 좋은 영향을 미칠 뿐더러 집안의 기운을 상승시킨다. 현관이나 침실은 물론 집안에서 기운이 정체되기 쉬운 어두운 공간이나 욕실 등에 꽃이나 식물을 놓아두면 좋다.

싱그러운 허브 향과 음악이 흐르는 공간도 자연의 좋은 기운을 흡수한다. 취향에 따라 향기와 음악에 변화를 주면 항상 행운이 따르게 된다(자세한 내용은 2장 3, 4, 5에서 다룬다).

풍수인테리어는 공간을 디자인하고 그 공간에 생기를 불어넣는 것이다. 생기를 불어넣기 위해서는 공간에 여유가 있어야 함은 당연한 이치다.

풍수인테리어의 기본은 비우기다. 집안에 쌓이는 불필요한 물건을 버리고 수납을 잘하는 것이다. 간혹 수납 공간이 적거나 복잡해서 꼭 필요한 물건도 사용하지 못하는 경우가 발생하기도 한다. 집안을 어수선하게 만드는 잡동사니나 일 년 내내 단 한 번도 사용하지 않았던 물건은 미련을 버리고 정리하는 것부터 시작하면 된다. 불필요거나 사용하지 않는 물건이나 가구, 가전제품은 집안의 좋은 기를 차단시킬 뿐이다. 집안을 특별히 꾸미지 않아도 더 이상 사용하지 않는 물건을 버리고 공간에 여유를 확보하는 것 자체가 인테리어의 시작이다.

물론 좁은 공간 때문에 넓은 공간으로 이사를 하더라도 언제나 문제가 되는 것은 수납이다. 가족의 옷과 책에 아이들의 장난감이 더해지고 늘어나는 물건들 때문에 수납과 정리로 고민한다. 수납은 눈에 보이는 자질구레한 물건들로부터 시선이 자유로워지고 생활하는데 있어서도 불편함을 최소화할 수 있어야 한다.

현관과 거실 사이에 중문 없이 확 트인 구조라면 그곳에 가벽을 설치하고 선반을 덧대어 수납장으로 만들어 물건을 수납하거나 정리할 수 있다. 노출된 선반에는 물건을 색깔별로 수납하면 데커레이션 효과도

I . n . t . e . r . i . o . r

낼 수 있다. 또한 다이닝룸과 부엌 사이에 벽을 세워 공간을 구분하고 가족사진이나 소품, 주방용품 등을 수납하는 것도 한 방법이다. 침실의 경우는 침대 뒷면에 가벽을 설치하여 간단한 옷가지나 스카프, 가방 등 수납에 어려움을 겪는 소품을 걸어두는 것도 방법이 될 수 있다.

복잡하게 널려 있던 물건들을 가벽 뒤로 숨겨 수납함으로써 공간의 효율성을 높이고 탁한 기운이 쌓이지 않도록 해야 한다. 인테리어가 아무리 훌륭해도 집안이 정리가 안 되고 지저분하거나 복잡하면 행복을 불러들이는 왕성한 기운이 소멸되기 쉽다. 항상 청결을 유지하도록 한다.

3
풍수인테리어 조화와 균형이 중요하다

오늘날 집은 가족생활의 안전과 편리성이 극대화된 공간으로 변모하였다. 자손대대로 체질과 인성을 적응시켜온 전통주택과는 전혀 다른 주거형태다. 아파트나 오피스텔, 빌라 등의 공동주택이 많아 이미 지어진 집에 들어가 살게 되는 경우가 대부분이다.

좋은 땅을 찾아 집을 짓는 것이 원래 풍수의 목적이었다. 하지만 지금은 좋은 땅뿐만이 아니라 내부 공간도 선택의 여지가 거의 없으므로 가족에게 맞는 공간을 만들 수밖에 없다. 풍수인테리어의 주된 목적은 기의 균형과 조화를 구현하여 건강하고 활기 넘치는 에너지, 곧 생기가 감도는 공간을 조성하는 일이다. 가구와 소품 배치, 소재 및 색깔의 이용 등으로 집안의 오행이 서로 상생(相生)되고 생기가 머물 수 있는 공간이 되도록 만들어야 한다. 이때 전체 공간의 균형미도 반드시 고려해야 한다.

현관, 거실, 침실, 부엌, 욕실 등 각 공간이 기능적으로 최적화된 상태, 즉 너무 촘촘하거나 텅 비어 있지 않아야 한다. 이런 요건들을 기본적으로 갖추어야 건강해지고 금전이 모이며 사랑도 쌓이고 성공과 성취를 이루는 집이 될 수 있다.

현관은 사업운과 재물운의 중심 공간이다

현관(대문)은 그 집의 얼굴과 마찬가지다. 출입하는 사람들로 인해 외부의 기운이 가장 많이 전달되는 곳이며 집주인의 이미지를 처음 느낄 수 있는 장소이기도 하다.

현관은 집주인의 사업적 능력과 재물운의 중심점이다. 또한 가족들의 몸과 마음 및 두뇌 활동과도 매우 밀접한 관련성을 가지고 있다. 절대 소홀히 넘길 수 없는 중요한 공간이다.

좋은 기운은 현관에서 시작

현관은 기가 들어오는 첫번째 공간이다. 유입된 좋은 기운이 집안으로 흘러들어가도록 하기 위해서는 특히 현관 풍수인테리어에 주의를 기울일 필요가 있다.

현관이 지저분하면 음의 기운이 쌓여 집안 전체의 운이 떨어진다. 현관을 통해 좋은 기가 많이 들어올 수 있게 하려면 밝고 깨끗하고 좋은 향기가 풍기게 꾸미는 것은 당연한 이치다. 현관 앞에 밝고 예쁜 화분을 두면 방문객은 물론 귀가하는 가족의 마음도 한결 즐거워져서 화목한 생활을 할 수 있다. 사람이 많이 드나드는 장소에도 이와 같은 화분을 두면 좋다는 것을 모르는 사람은 없을 것이다.

현관에서 집안 내부가 훤히 보이는 구조

우선 현관문을 열었을 때 무엇이 보이느냐에 따라 그 집 전체의 인상이 좌우된다. 그러므로 좋은 기운이 자연스럽게 흐를 수 있도록 하는 것이 포인트다. 현관이 바깥으로부터 침투되는 나쁜 기운을 차단하고 집안의 안전과 청결을 유지할 수 있도록 완충지대를 형성하는 공간이기 때문에 그 중요성은 재론의 여지가 없다.

현관문을 열고 들어섰을 때 곧바로 집안이 훤히 드러나는 구조는 피한다. 중문이 있다면 다행이지만 그렇지 못할 경우 가벽 등의 차단장치를 설치하여 들어가는 방향을 바꾸는 것도 방법이 될 수 있다. 나쁜 기

the front entrance

운은 차단하고 좋은 기운은 바로 빠져 나가지 않고 머무르게 할 수 있는 좋은 구조다.

내부가 보인다거나 가족들의 일거수 일투족이 훤히 노출되는 구조는 바람직하지 않다. 일상생활이 안정되지 않고 노출로 인해 심리적으로 불안할 뿐더러 행동에 제약을 받는 등의 불편함이 생길 수 있다. 재난, 손실 등 불길한 일이 발생할 수 있는 원인을 제공하는 셈이 된다.

욕실이나 부엌이 정면으로 보이는 것도 좋지 않다. 특히 남에게 보여 주기 꺼려하는 공간이기 때문이다. 욕실은 집에서 나쁜 기운이 발생하기 쉬운 공간이므로 첫눈에 노출된다는 것은 탁한 기운이 바로 영향을 미쳐 그 집의 이미지까지 나빠질 수 있다. 현관 맞은편에 욕실이 보이면 재물이 쌓이지 않는다. 항상 닫아 두고 그 앞에 적당한 크기의 콘솔에 화분을 올려놓아 가려주는 것이 좋다. 또한 부엌이 정면으로 바로 보이는 것도 금전이 쌓이지 않는 배치다.

거울의 위치에 따라 출세운 상승

현관에 들어서자마자 거울이 눈앞에 있거나 조금 떨어져 있더라도 문을 열었을 때 바로 보이는 것은 나쁘다. 자신의 모습이 비쳐지는 것을 좋지 않게 보고 있기 때문이다. 사람의 기운을 빼앗고 집안으로 들어오는 행운을 되돌려 보낸다.

현관문을 열었을 때 거울이 왼쪽에 있다면 재물운이 상승하며 오른쪽일 경우 출세운이 좋아진다. 거울은 나무 테두리가 있는 작고 둥근 것이 좋다. 행여 정면에 커다란 거울을 걸어야한다면 금속이나 나무 재질의 테두리가 있는 것을 선택하고 거울 앞에는 관엽식물을 둔다.

현관에서 정면으로 보이는 곳에는 빨간색이나 주황색의 꽃그림을 걸어 두면 재물운이 올라간다. 부정적인 기운을 내뿜는 구둣주걱, 우산, 쓰레기 등은 두지 않는다. 현관 바닥이 지저분하면 재물운을 기대하기 어렵다.

조명으로 좋은 기운 집안으로

현관은 우선 밝고 실내 쪽으로 전개되는 곳이 환하게 트여야 기의 흐름이 좋다. 어둡고 침침한 상태로 방치되어 있다면 밝고 온화한 느낌의 백열등이나 센서등을 설치한다.

조명은 항상 밝게 하되 전구가 나갔거나 깨져 있는 채로 방치되지 않도록 한다. 현관의 조명등만으로 입구가 어둡다면 벽에 부착하는 보조등을 달아 좋은 기가 그대로 지나치지 않도록 한다.

재물운 불러오는 관엽식물

공간의 여유가 없다고 해서 들어서자마자 신발장이나 벽이 정면을 가로막고 있는 배치도 좋지 않다. 구조를 바꾸기 힘든 경우에는 신발장 위에 난 화분을 올려놓고 벽에 밝은 느낌을 주는 정물화나 풍경화를 걸어두면 좋다.

사시사철 생화의 향기가 나도록 아담한 화분 두세 개 정도 들여놓는 것도 현명하다. 물 주기가 귀찮아 조화를 쓰는 경우도 있는데 신선한 생기를 발산하는 생화가 좋다. 화분이 여의치 않다면 꽃 한 다발이나 혹은 한두 송이라도 꽃병에 꽂아도 좋다. 신발장 위에 꽃병을 두게 된다면 반드시 레이스로 뜬 깔개를 깔도록 한다.

현관에 꽃을 장식할 경우 이왕이면 노란색 종류를 선택하는 것이 좋다. 노란색은 재물운을 불러오는 행운의 색이다.

밝고 청결하며 꽃의 생기가 가득 찬 현관은 기의 흐름을 촉진시키고 활성화하여 대인관계를 넓혀 준다. 또한 사람들과의 인연을 재물로 연결시켜서 집안을 윤택하게 만든다. 선(善)한 맑은 생기가 집안에 가득하

므로 가족 모두 건강하고 화목한 가정을 꾸릴 수 있게 해준다.

신발 정리법

신발장은 반드시 한쪽 면을 벽과 밀착시키고 좌우 양측 옆으로 공간이 없도록 설치한다. 문을 달아 신발이 노출되지 않도록 하는 주의가 필요하다. 신발장에 신발을 정리할 때는 신발의 앞쪽이 신발장 내부를 향하게 정돈하는 것도 잊지 않는다. 또 최소한의 신발 이외에는 모두 수납하는 것이 좋다. 전혀 신지 않는 신발은 신발장에 계속 넣어두면 나쁜 기운이 정체되므로 버리는 것이 길하다.

현관 바닥은 신발을 신고 벗는 곳이기 때문에 먼지가 쌓이기 쉬우므로 자주 물걸레질을 해서 항상 깨끗하게 유지한다.

현관, 이것만 지키면 재물이 들어온다

- 현관문에 붙은 스티커 등을 떼어내고 깨끗하게 유지한다.
- 현관문을 열고 들어섰을 때 밝게 조명을 설치한다.
- 벽재나 바닥재는 밝은 계통의 색을 사용한다.
- 바닥은 언제나 청결을 유지하고 매트를 깐다.
- 신발은 신발장에 수납하고 한두 켤레만 꺼내놓는다.
- 우산, 골프채, 유모차, 구둣주걱 등 잡동사니를 두지 않는다.
- 현관 안팎에 쓰레기를 두지 않는다.
- 현관문 안쪽에 풍경을 달아 탁한 기운을 다스린다.
- 노란색 관엽식물을 두거나 꽃그림 액자를 단다.
- 현관의 왼쪽이나 오른쪽 벽면에 작은 거울을 달아 운을 올린다.

현관에서 대각선 방향에 생기 모인다

현관 또는 출입문, 방문에서 대각선 방향은 생기가 모이는 자리로 사랑과 금전이 쌓이는 곳이다.

특히 현관에서 대각선 방향으로 안쪽 모서리 지점은 재물운이 강하게 작용하므로 깨끗하게 관리한다. 에어컨이나 가구가 있다면 옮기고 사람이 앉는 자리인 소파나 테이블, 의자, 금전을 부르는 어항 등을 두면 좋다.

거실에 어떤 물건을 두는가에 따라 돈이 들어오기도 하고 나가기도 한다. 싱싱한 화분, 과일 등은 재물운을 상승시킨다. 특히 에어컨 앞에 벤자민 화분을 두면 차가운 기운을 막아주고, 집안 공기를 정화시켜 건강운은 물론 재물운까지 상승시킨다.

돼지 모양 소품의 이용

집안에 재물운을 들이기 위해 예로부터 복과 돈의 상징이며 안위와 건강을 의미하는 돼지 모양 소품을 이용하였다. 거실의 동남쪽에 빨간색 소품을 두거나 서쪽에 노란색, 황금색 소품 또는 장식품을 놓으면 재물을 모으는데 도움이 된다. 거실 벽에 짐승의 박제나 그림, 기념품 등을 정신없이 걸어 놓으면 재물운이 떨어진다.

가구가 거실 창을 가로막고 있거나 어두우면 재물운이 떨어지고, 고장 난 가전제품이나 시든 화분을 그대로 방치하면 갖고 있던 돈이 줄어든다.

거실은 가족 행복의
중심이 되는 공간이다

　거실은 가족실이라고 부를 만큼 귀가 후 잠자리에 들기 전까지 많은 시간을 보내는 생활중심 공간이다. 가정의 화목에 중요한 역할을 담당한다. 그러므로 집안의 모든 기를 분산 공급하는 중심점으로써의 위치와 크기로 만들어야 한다.

　거실은 가정운의 주축이 되는 장소로 가족의 화합을 이루어주는 공간이면서 하루의 피로를 풀고 새로운 에너지를 보충해주는 곳이기도 하다.

하루 일과를 마치고 가족이 여유롭게 얼굴을 마주하고 내일을 준비하며 시간을 보내는 만큼 안락하고 편안한 거실을 만드는 것이 포인트다. 거실이 지저분하고 정돈되어 있지 않으면 생활 속에서 잃은 활력을 회복하기 힘들어지므로 결국 가족 사이에 마찰이 생기기 쉽다.

가족 최고의 에너지원 컬러 인테리어

풍수에서는 컬러도 매우 중요한 의미를 가지고 있다고 본다. 따라서 가족이 모이는 거실의 인테리어 색상은 절대로 소홀히 해서는 안 된다. 색에는 다양한 기(파워)가 숨겨져 있다. 특히 노란색은 기쁨, 밝음, 명랑, 유쾌함을 의미한다. 생명의 약동감, 상승지향, 희망, 도전의식, 만족 등

적극적인 기대감을 품고 있다. 눈에 띄는 색이므로 어필의 능력이 있어 건강한 느낌을 받게 한다. 특히 뇌의 움직임을 활성화시키고 의욕을 높여 준다. 뇌를 자극하고 집중력을 상승시키며 지성을 드러내는 색으로 표현된다. 거실 인테리어로 노란색은 풍수에 적합하다.

노란색은 황금을 상징하는 색이기도 하다. 황금의 빛남은 최고의 에너지로 '동질의 에너지는 동질의 에너지를 끌어당긴다' 는 원리 속에서 재물운을 부르는 색이다.

사회활동 원만하게 하는 스탠드

거실은 밝고 깨끗하고 따뜻한 분위기로 꾸미는 것을 최우선으로 해야 한다. 실내가 밝지 못하면 그곳에서 생활하는 사람의 마음까지도 어두워지게 된다. 거실은 가족의 라이프스타일에 따라 변화를 줄 수 있도록 조명 계획을 세울 필요가 있다. 즉, 색이나 조도를 달리할 수 있는 여러

가지 형태의 조명을 활용하는 것이다. 가족이 모여서 대화를 나누고 즐길 때는 천장의 밝은 전체 조명을, 휴식을 취할 때는 은은한 간접 조명의 스탠드를 사용한다.

거실 천장의 조명은 여러 개로 이루어진 백열등(할로겐)이 좋다. 스탠드는 스테인리스보다는 패브릭 소재로 갓을 씌운 제품을 사용하여 따뜻한 분위기를 만들어준다. 거실 창가나 소파 옆에 키가 큰 스탠드를 놓아두면 사회활동이나 승진, 건강 등에 좋은 영향을 준다.

행복을 부르는 가구

소파는 현관에서 바라볼 때 대각선 방향에 배치하는 것이 가장 좋다. 집안으로 사람이 드나드는 것을 바라볼 수 있어서 심리적으로 안정될 뿐 아니라 풍수적으로도 생기가 모이는 자리이기 때문이다. 소파는 앉았을 때 편안한 느낌을 주는 패브릭 소재가 적당하다.

커튼은 집안 분위기를 무겁게 하는 어두운 컬러나 암막 스타일은 피한다. 부드러운 면 소재로 소파와 밸런스를 맞춰 지나치게 화려하지 않은 색으로 하는 것이 좋다. 또한 계절감을 살려 설치하고 햇빛을 차단하지 않도록 한다.

거실 테이블은 철재보다는 부드러운 느낌을 주는 목재가 좋다. 유리 테이블이나 원형 테이블은 노력해서 힘차게 살아가려는 의욕을 빼앗는다. 가족의 운을 높이려면 무난한 사각의 목재 테이블을 권한다.

거실 테이블 아래 까는 카펫이나 러그는 가정운을 상승시키는 노란색이나 아이보리색의 천연 소재로 된 제품을 사용하는 것이 좋다. 세탁하기 어려운 울 소재의 카펫은 어린아이가 있는 경우 아토피나 호흡기 질환을 유발할 수 있으므로 세심한 주의가 필요하다. 발이 닿는 부분을 따뜻하게 하면 운이 크게 상승한다.

겨울에도 바닥을 차갑지 않도록 항상 따뜻하게 해주어야 상승된 운이 그대로 유지된다.

　신문이나 잡지 등을 꽂아두는 수납 랙은 안이 지저분해지지 않도록 한다. 낡은 신문이나 잡지를 버리지 않고 그대로 꽂아두면 발전운의 기회가 줄어든다. 오래된 신문이나 잡지는 즉시 눈에 보이지 않는 곳으로 치운다.

거실이 멀티 공간으로
바뀌고 있다

최근 집안의 공간 경계가 점점 무너지고 있다. 특히 획일화되었던 거실의 구조가 가족의 라이프스타일을 반영해 온 가족이 함께할 수 있는 다채로운 장소로 변화하고 있다. 거실을 서재나 다이닝룸의 멀티 공간으로 사용하는 경우가 늘고 있는 것이다. 거실이라는 공간의 활용도를 높임으로써 가족의 화합을 도모하고 함께 즐기고 대화를 나누는 자리로의 변화다.

　아이가 있는 가정에서는 교육의 효과도 겸하기 위해 책장과 큰 테이블을 거실에 배치하는 것을 선호하는 추세다. 자연스레 책과 가까운 환경을 만드는 북카페형 거실로의 변화다. 가족 구성원의 비밀을 보장하던 서재와 공부방이라는 공간을 가족 공동의 공간인 거실로 끌어낸 것이다.

　사실 집에서 가장 넓은 공간을 소파와 TV만으로 채우고 거실의 기능을 하라고 하기에는 무리인 시대가 되었다. 변화된 거실에 사적인 공간과 공적인 공간의 조화와 균형을 위한 풍수를 적용한다면 별 어려움이 없을 것으로 생각된다.

　테이블 위에는 안전한 조명을 달아 공간에 적절한 균형을 주는 것이 좋다. 책으로 인해 자칫 무겁고 산만해질 수 있는 분위기는 컬러 인테리어로 생기를 주도록 한다. 책장 옆에 초록의 관엽식물을 두는 것도 바람직하다.

거실은 집의 좋은 기운이 가장 많이 모여 있는 곳이다. 그렇기 때문에 가족이 함께하는 공간으로의 역할을 충분히 해낸다면 가족운이 열릴 것이다.

다이닝룸은
가족운의 토대를 마련한다

　다이닝룸은 일반적으로 부엌과 거실의 중간 지점에 위치한다. 함께 모여 식사를 하는 공간은 가족에게 운세의 토대를 만들어주는 중요한 장소다.

　사람은 식사를 통해 영양분을 섭취하는 것은 물론 그 주위에 머물러 있는 기까지 흡수하게 된다. 그렇기 때문에 환경이 좋지 않으면 가족 모두의 발전운이 떨어지며, 자연히 건강한 기운도 얻기 힘들다.

요즘은 기존의 부엌과 거실의 경계를 무너뜨리고 가족을 위한 공간으로 다이닝룸이 변화하고 있다. 식사를 하고 차를 즐기며 이야기를 나누고 책을 읽는 등 가족이 소통하는 공간으로 사용되고 있다. 그래서 가족의 운을 높이는 밝은 색으로 통일하여 인테리어하는 것이 포인트다.

운이 활짝 펴게 하는 식탁 매트

테이블은 원형보다는 사각형이나 타원형을 선택하고 소재는 밝은 색상 목재가 좋다. 테이블에 유리가 깔려 있거나 어두운 색상이라면 화사한 계열의 테이블보를 사용해도 좋다. 둥근 테이블은 운세의 흡수가 떨어지므로 반드시 런치 메트를 깔도록 하고 가능하면 사각 테이블을 권한다.

런치 매트를 깔고 식사하면 가족운을 구축하는 토대가 한층 강해진다. 매트는 천연 소재의 부드러운 오렌지색이나 핑크색, 녹색, 노란색 등의 밝은 색이 좋다. 의자는 운세의 안정도를 나타내므로 착석감이 좋고 편안한 것을 사용한다. 팔을 걸쳐놓을 수 있는 의자를 아버지나 가족 전체가 사용하면 가족운이 크게 상승할 수 있다.

생화는 기본, 조명 중요해

다이닝룸의 테이블 위에는 항상 생화를 장식해 놓는 것이 기본이다. 꽃의 생기를 그대로 흡수할 수 있기 때문이다. 유리컵이나 작은 병에 꽃을 꽂아 놓으면 가정의 운이 상승한다.

　오디오 등 소리가 나는 전자제품은 목(木)의 기운을 가지고 있으므로 동쪽에 배치하는 것이 옳다. 여의치 않을 경우에는 스피커만 동쪽에 놓아도 된다. 오디오 주위가 지저분하면 가족 사이에 불화나 마찰이 생기기 쉬우므로 항상 깨끗하게 유지해야 한다. 음의 기운이 강한 검은색 계통의 오디오는 그 앞에 관엽식물을 배치하여 기운을 소모시켜 준다. 휴대 전화와 충전기도 목의 기운을 가지고 있으므로 동쪽에 놓으면 운을 상승시켜주는 역할을 한다.

　즐거운 식사를 위한 다이닝룸의 조명은 적당한 조도가 유지되면서 주위 사람들의 얼굴을 부드럽게 보여줘야 한다. 너무 밝으면 빛이 그릇에 반사돼 눈이 부시고, 너무 어두우면 그림자가 드리우고 칙칙한 분위기가 연출된다. 음식물을 돋보이게 하고 식욕을 돋우는 노란빛을 내는 밝은 분위기의 백열등이나 할로겐 등이 좋다.

거실, 이것만 지키면 행복이 온다

- 거실이 집안의 중심이 될 수 있도록 가구를 이용하여 균형을 맞춘다.
- 가족이 불편할 정도로 가구로 촘촘하게 채워진 거실은 생기가 흐르지 않는다.
- 인테리어는 노란색 계열로 하여 가족에게 좋은 기운이 미치게 한다.
- 조명은 편안한 느낌의 밝기를 유지한다.
- 전기세를 절약하기 위해 조명의 전구를 한두 개 빼지 않는다.
- 창가나 소파 옆에 키 큰 스탠드를 설치하여 사회활동에 좋은 영향을 미치게 한다.
- 패브릭 소파가 좋다.
- 소파가 현관이나 창문을 등지면 좋지 않다.
- 테이블은 목재가 좋으며 유리나 원형 테이블은 피한다.
- 거실 매트는 천연 소재로 하여 발이 닿는 곳을 따뜻하게 한다.
- 커튼은 부드러운 면 소재하고 하고 소파와 밸런스를 맞춘다.
- 에어컨 앞에는 관엽식물을 두어 차가운 기운을 막는다.
- 현관에서 대각선 방향에 소파를 두면 좋다. 어항을 두어도 좋다.
- 액자는 풍경화나 가족 사진으로 한두 개 정도 건다.
- 액자를 걸기 위해 벽면에 못을 많이 박으면 음의 기운이 나온다.
- 북카페형 거실의 책은 세로로 잘 정리해서 꽂는다. 책꽂이에 가로로 두서없이 꽂으면 기가 흐르지 않는다. 책꽂이 옆에는 관엽식물을 두면 좋다.
- 오래된 신문이나 잡지 등 잡동사니는 정리하여 보이지 않는 곳에 수납한다.
- 고장 난 가구나 조명은 바로 수리한다.
- 시들어버린 꽃이나 화분은 바로 치운다.

침실, 은폐된 장소라면
건강 보장한다

우리는 인생의 3분의 1을 잠을 자는데 소비한다. 그 대부분은 침실에서 취하게 되는 수면이다. 따라서 가장 오랜 시간 머무는 침실 환경이 무엇보다 중요하다고 할 수 있다.

수면이란 조용하게 자기 자신의 모습을 감추고 쉬는 것으로 침실은 이 용도에 적합해야 한다. 수면은 양이 아니고 음에 속하기 때문에 안정되고 은폐가 잘된 장소에 위치하는 것이 가장 좋다.

예를 들면 현관이나 욕실, 부엌에 가까운 침실은 불면증이나 여러 가지 자율신경실조증으로 피로하기 쉽다. 또한 저항력이 떨어져 여러 가지 질병에 시달릴 수 있으므로 항상 주의해야 한다.

침대와 가구 위치

침실의 메인 가구는 침대다. 우선 침대의 위치를 정한 다음에 다른 가구들을 배치하는 것이 좋다. 침대는 방문에서 대각선 방향에 놓으면 풍수에 맞는 최상의 위치가 된다. 방을 드나드는 사람을 한눈에 바라보지 못하면 작은 소리에도 예민해지고 심리적으로 불안을 느끼게 되기 때문이다. 만약 구조적으로 어려움이 있다면 옆으로라도 바라볼 수 있도록 하는 것이 좋다.

침실 가구는 최소한으로 한다. 장롱은 침대를 기점으로 한쪽 벽면에 배치한다(자세한 내용은 p.176 팁 참고). 가급적이면 전자제품은 수면을 방해할 뿐만 아니라 전자파도 발생하므로 침실에 두는 것은 피한다. 각자의 라이프스타일에 맞게 필요한 가구만 침실에 들인다. 잡동사니로 침실을 가득 채우면 나쁜 기운이 발생해 수면을 방해 받는다.

인테리어의 포인트 컬러

침실 인테리어의 포인트는 컬러다. 침구나 커튼의 컬러만큼 벽지의 컬러도 중요하다. 많은 사람들이 벽지를 선택할 때 고민을 하는 이유가 컬러가 침실의 분위기를 좌우하기 때문이다. 불면증을 겪는 사람이 있는가 하면 수면을 취해도 늘 부족함을 호소하는 사람도 있다. 편안하고 질 높은 수면을 위해 연한 핑크색이나 아이보리색을 사용하면 따뜻한 느낌을 주어 심신의 안정을 줄 수 있다.

우리가 잠을 잘 때는 수없이 자세를 바꾼다. 따라서 침구는 수면 중 움직임과 혈액순환을 원활하게 할 수 있도록 가벼운 천연 소재로 하는 것이 좋다. 컬러는 화이트나 파스텔 톤이 수면을 돕는다. 커튼의 소재와 컬러는 침구와 맞춰 선택하면 된다. 특별히 크고 화려한 무늬와 컬러를 좋아하는 성향을 가진 사람이라면 취향에 따라 선택해도 무리는 없다. 단 조명의 도움을 받아 침실의 아늑함을 꾀하면 된다.

일반적으로 침실 조명을 완전히 *끄고* 수면을 취하는 것이 좋다고 알고 있다. 하지만 사실은 조도가 아주 낮은 조명을 하나 밝히는 것이 만족스러운 수면에 도움이 된다고 전문가들은 말한다. 작은 조명 하나만으로도 휴식과 수면의 질을 높이고 침실을 아늑하게 해줄 수 있다. 조명은 따뜻하고 은은한 느낌의 백열등이나 전구색의 등을 권한다. 만약 천장의 전체 조명이 하얀빛을 띠고 있다면 침대 옆 협탁에 둥근 갓을 씌운 노란빛 스탠드를 놓아 간접조명을 사용하면 애정운이 올라간다.

잠잘 때 머리 방향에도 풍수가 있다

　잠잘 때 머리의 방향은 그 사람의 기나 건강 상태 등에 의해 좋고 나쁨이 미묘하게 달라진다.

　완벽하고 만족스런 수면을 취하기 위해서는 스스로 느끼기에 가장 편안한 상태의 방향이 좋은 위치다. 수면을 취할 때의 머리 방향은 침실의 크기나 방문과 창문의 위치에 따라 다를 수 있다. 만약 한 방향으로 일정 기간 동안 수면을 취했는데 몸에 이상이 생겼다면, 머리 방향을 바꿀 것을 권한다.

자율신경계 질환 유발하는 전자제품

원룸에서 불가피하게 냉장고나 대형 TV 쪽으로 머리를 향한 채 자는 경우가 있다. 이때 불면증, 현기증, 두통 등 자율신경실조증을 일으키기 쉽다. 가구 등을 이용해 전자제품과 분리된 공간을 마련해 잠자는 곳으로 사용하는 것이 좋다. 가능한 한 전자제품으로부터 머리를 멀리하고 잠을 자도록 해야 한다.

가정용 전자제품은 거의 대부분 전자파를 발산하고 있다. 이로 인한 자기장(磁氣場)이 뇌신경을 흥분시켜 뇌의 협조적인 작용을 할 수 없게 되어 자율신경실조증의 증상을 일으키게 된다.

불안감 초래하는 방향

머리를 방문 쪽으로 향하고 자게 되면 깊이 잠들지 못하고 심신의 피로가 풀리지 않은 채로 남게 된다. 악몽에 시달리거나 식은 땀을 흘리며 일어나서도 불안감을 떨쳐버리

지 못하고 현기증을 일으키기도 한다.

　머리를 장롱 쪽 가까운 곳에 두고 자면 악몽에 시달리는 일이 많아지고 현기증이나 자율신경실조증을 일으키기 쉽다. 또 발을 출입문 쪽으로 향하고 자는 것도 좋지 않은 자세다.

심·뇌혈관 장애 조심해야할 방향

　서쪽 방향으로 머리를 두고 자는 자세는 심·뇌혈관에 장애를 일으키기 쉽다. 특히 뇌경색, 뇌혈전, 심근경색의 병력이 있는 사람은 주의해야 한다.

이것은 현대과학에서도 명확하게 밝혀내지 못하고 있는 부분이다. 하지만 지구의 운행과 자기장과의 관계가 혈액 중의 철분과 순환기 계통의 작용에 영향을 미칠지도 모른다는 추정은 가능하다.

불면증 조심해야할 방향

남쪽 방향으로 머리를 두고 자는 자세는 불면증에 걸리기 쉽다. 남쪽 방향은 밝은 기운이 있어 활동이 활발한 방향으로 흥분하여 심기를 불끈 치솟게 만들기 쉽다. 그리고 평상시보다 심하게 심장의 고통을 느끼는 증상이 나타나기 쉽다.

침실, 이것만 지키면 애정이 깃든다

- 자녀에게 큰방을 내어주고 부부가 작은방을 사용하면 재물운이 날로 줄어든다.
- 침실의 벽면은 가능한 한 여백을 두는 것이 좋다. 벽의 장식은 적당한 크기의 원형 또는 육각형 시계나 풍경화 한 점 정도가 적당하다.
- 그림과 사진은 인물화나 추상화보다는 풍경화, 정물화가 좋다. 침실의 방향에 따라 그림의 위치를 달리해야 하는데 가능한 한 동쪽이나 서쪽 벽면에 건다. 발치에는 부부의 스냅 사진이나 시계 등을 두는 것이 좋다.
- 장롱과 천장 사이에는 짐을 두지 않는다. 기를 정체시키고 탁하게 만든다.
- 침실의 북쪽에 진한 색의 가구를 두고 예금통장이나 현금, 귀금속 등을 보관하면 재물을 불러온다.
- 조명은 형광등보다는 백열등으로 온화하고 부드러운 분위기를 만드는 것이 좋다. 사각보다는 둥근 형태의 조명등으로 빛을 부드럽게 해주어야 한다. 스탠드는 부부의 애정운과 재물운을 도와주는 중요한 소품이므로 고급스러운 디자인을 선택하는 것이 좋다.
- 창가에 잡동사니가 쌓여 있으면 재물운이 내려간다.
- 두꺼운 소재의 커튼을 쓰면 재물이 늘어나지 않는다.
- 너무 많은 장식품은 피하고 토산품이나 인형 조형물 등은 수면과 맞지 않는 기운이 있으므로 거실이나 서재로 옮기는 것이 좋다.

공부방 큰 창문은
아이 산만해진다

공부방에 너무 큰 창문이 있는 것은 좋지 않다. 빛이 과다하게 들어오면 아이들이 정도 이상으로 활동적이고 산만해져 바깥에만 관심을 두어 공부에 집중하기가 힘들어진다. 이럴 때는 벽지 색깔과 같은 계열의 커튼을 달아서 밖이 보이지 않게 해주고, 빛을 적당히 가려 아이의 심리적 안정에 도움이 되도록 한다.

동쪽이나 동남쪽의 공부방이라면 동쪽에 적당한 크기의 창문이 반드시 있어야 한다. 그래

야만 이 방향의 길운을 고스란히 받을 수 있다. 창문에는 부드러운 연한 녹색이나 온화한 느낌의 파스텔 톤 커튼을 쳐서 일광을 조절하고 방 분위기도 밝게 해 주는 것이 좋다.

아이의 기가 충만해지는 침대와 책상 위치

가정에서 아이방은 잠자리, 학습 공간, 놀이 공간까지 겸하는 멀티 공간이다. 그런 만큼 침대와 책상의 위치가 중요하다. 침대의 위치는 방문에서 대각선 방향에 설치하는 것이 가장 이상적이다. 침대의 머리 방향은 누워서 방문을 바라볼 수 있는 쪽으로 하고 벽에 바짝 붙이지 말아야 한다.

책상은 방문을 등지거나 창문을 마주보고 있게 해서는 안 된다. 사람과 기가 들어오는 문을 등지고 앉으면 심리적인 불안으로 정신이 산만하고 집중력이 저하된다. 창문 바로 밑에 책상을 배치하면 양기가 너무 세게 들어와 방의 균형을 깨면서 집중력과 지구력을 상실하게 만든다. 책상은 한쪽 벽에 붙이되 옆면이 방문 쪽을 향하도록 하여 공부하면서 자연스럽게 살필 수 있게 하는 것이 좋다. 가능하다면 책상머리가 북쪽을 향하도록 하면 학습의 효과를 극대화시킬 수 있다.

아이방의 가구나 소품은 나무 소재로 된 밝은 색이 좋다. 부드러우면서 은은한 색감이 아이들에게 좋은 기운을 불어넣어 준다. 너무 많은 색깔은 기의 흐름을 산만하게 하므로 주의한다.

아이의 성격에 맞는 색깔

아이방은 무엇보다 통풍이 잘되고 창가도 항상 깨끗하게 유지해야 한다. 벽지 색깔은 녹색이나 노란색 등 부드러운 색을 사용한다. 남자 아이의 경우에는 연한 파란색, 여자 아이의 경우에는 파스텔 톤의 핑크색도 무난하다.

침구는 아이의 숙면을 도와 건강한 몸을 유지하는 데 중요한 역할을 한다. 피부에 직접 닿는 이불과 베개 커버는 활동이 많은 아이의 땀을 잘 흡수하고 통기성이 우수한 면 소재를 선택한다. 침구나 커튼 색깔은 부드러운 파스텔 계열로 한다. 화려하거나 큰 무늬는 아이를 산만하게 할 수 있으므로 피한다.

7세에서 8세까지의 눈 건강이 평생을 간다고 한다. 그래서 아이방 조명은 매우 중요하다. 너무 밝은 빛에 노출되는 것도 좋지 않지만 어두운 곳에서 공부하는 것도 피해야 한다. 눈의 피로를 덜기 위해 천장 조명 외에도 반드시 책상에 스탠드를 설치해 사용할 것을 권한다. 공부운을 끌어올릴 수 있어 풍수에도 맞다.

아이방에는 전신거울과 발코니로 통하는 유리문이 없어야 좋다. 거울이나 유리는 기를 산만하게 만들고 발코니 쪽에 물건이 보여도 집중을 방해한다. 유리문이 크게 있다면 커튼으로 가리는 것도 방법이다.

책상에 앉았을 때 TV나 컴퓨터가 보이면 공부에 집중할 수 없으므로 반드시 눈에 띄지 않는 곳에 배치한다. 컴퓨터는 목의 기운이 있으므로 방의 동쪽이나 동남쪽에 놓으면 공부와 노는 것을 자연스럽게 분리할 수 있다.

장난감이 나와 있으면 정신이 모두 그곳으로 쏠리게 되어 공부에 집중할 수 없게 된다. 사용하지 않을 때는 반드시 보이지 않는 곳에 수납한다. 이때 수납박스는 뚜껑이 있는 목재나 등나무로 된 것이 좋다. 플라스틱제품은 아이들의 발전운을 저하시키므로 피하는 것이 현명하다.

아이에게 맞는 색깔 고르는 법

색깔을 오행에 맞도록 하려면 아이의 사주(四柱)오행을 따져 상생(相生)이나 화합할 수 있는 색으로 한다. 사주에 어느 특정한 오행이 많거나 그로 인해 피해가 있다면 이를 없앨 수 있는 오행 색깔을 선택하여 균형을 유지해줄 수 있도록 한다. 어느 특정한 오행이 부족할 경우에도 이를 보완해 균형을 유지해줄 수 있도록 한다(p.133 '색깔로 오행의 균형을 맞춘다' 참고).

공부방, 이것만 지키면 성적이 오른다

- 공부방 색은 녹색이나 베이지색 등 부드러운 색을 사용한다.
- 창문이 있다면 연한 녹색의 커튼을 설치해서 빛을 조절한다.
- 책상을 북쪽에 배치하면 집중이 잘 된다.
- 책상은 방문을 등지거나 창문을 마주보지 않게 배치한다.
- 책상을 한쪽 벽면에 붙이되, 옆면이 방문 쪽을 향하도록 하여 불안감을 줄인다.
- 책상은 원목이 좋으며, 디자인이 날카로운 것은 피한다.
- 의자는 바퀴가 달리지 않은 것으로 하여 안정감을 주도록 한다.
- 책은 책장에 세로로 꽂는다.
- 문구류는 책상 위에 늘어놓지 않고 정리하여 수납한다.
- 컴퓨터는 책상에서 떨어뜨려 놓는다.
- 장난감은 수납함에 수납하도록 한다.
- 플라스틱 소품은 될 수 있으면 피한다.

부엌은 건강운과 재물운이 상생하는 공간이다

음식을 조리하는 부엌은 가족의 건강운과 재물운에 영향을 미치는 중요한 공간이다. 부엌이 지저분하면 재물운에 손상을 받게 되므로 항상 청결하게 관리해야 한다.

부엌은 화(火)의 기운을 가지고 있는 불과 수(水)의 기운을 지닌 물이 공존하는 곳이다. 건강운과 재물운을 책임지며 불과 물의 기운이 상충되는 공간이므로 음양의 밸런스에 맞게 인테리어를 하는 것이 중요하다.

　전자레인지, 오븐의 불의 기운과 냉장고, 싱크대 수도꼭지의 물의 기운은 서로 상충되므로 조금 떨어지게 놓는다. 예를 들면 물 주위에 불의 기운을 지닌 플라스틱제품을 놓거나 가스레인지 옆에 정수기를 설치하는 것은 운세를 악화시키는 결과를 가져오기 쉽다.

재물운 상승시키는 인테리어

　부엌 창문에 커튼이 없으면 재물운이 밖으로 달아나 버리기 쉽다. 부엌은 항상 밝은 상태를 유지하는 것이 좋기 때문에 태양 광선을 차단하는 소재로 된 커튼은 피한다.

　음식을 준비하는 부엌의 조리대는 그림자가 생기지 않고 눈에 피로가 없을 정도로 밝게 한다. 부엌 천장에 기본 조명과 요리에 집중할 수 있는 스폿 조명을 조리대 위에 설치한다. 식사를 하는 다이닝룸과 음식을

조리하는 부엌의 조명을 올바르게 사용하면 상충될 수 있는 불과 물의 기운을 잘 다스려 가족의 좋은 기운을 올릴 수 있다.

건강운 부르는 소품

식기는 가능하면 흰색 도자기가 좋다. 흰색 도자기는 음양의 조화가 깨지기 쉬운 부엌에서 기를 조절해 주는 중요한 역할을 한다. 물 주위에서 사용하는 도자기 그릇의 색깔과 디자인은 통일하는 것이 좋다. 플라스틱 그릇이나 부엌 기구들도 물 주위에는 놓지 않는다.

또한 유희적인 감각이 물씬 풍기는 부엌용 소품을 물 근처(싱크대 주변)에 놓으면 재물운이 상승된다. 소품은 현재 사용할 수 있는 것을 선택해야지 그렇지 않은 것을 배치하면 역효과를 초래하기 쉽다.

기를 좌우하는 키친 매트

재물운은 물의 깨끗한 정도에 따라 기가 좌우된다. 따라서 부엌에서 사용하는 물은 가능하면 정수기를 통해 오염을 거른 것이 좋다. 음용은 물론 차를 끓이고 찻잔을 씻고 도자기제품의 그릇을 세척할 때 역시 정수기물을 사용하는 것이 좋다. 키친 매트는 부엌에 퍼져 있는 강한 불의 기운을 중화시키는 역할을 한다. 색깔은 밝은 녹색이나 황토색 계통을 선택하고 부엌의 전체 색깔은 밝은 색으로 한다.

주부 건강 도와주는 잎이 무성한 식물

부엌에서 음양을 조절해 주는 최고의 소품은 꽃과 식물이다. 물 주변에는 항상 꽃을 장식하고, 불의 기운이 강한 가스레인지 근처에는 도기 그릇에 담은 관엽식물을 놓는 것이 좋다. 플라스틱 화분은 피한다.

관엽식물은 물과 불이 상충되는 공간을 상생의 장소로 바꿔주는 역할을 한다. 부엌으로 가는 길목에 잎이 작고 무성한 스킨답서스나 산호수 등을 두면 주부의 건강을 좋게 한다. 또한 창가에 예쁜 화분을 올려두면 재물운을 부르는 효과가 있다. 거실이나 현관에서 부엌 전체가 보이는 구조라면 잎이 무성한 화분을 여러 개 두어 시선을 차단한다.

재물운 사라지게 하는 냉장고 메모지

전기제품은 기본적으로 불의 기운을 지녔지만 가동 중인 냉장고는 물의 기운을 지닌 물체로 변하게 된다. 냉장고 안에 오래된 식품을 그대로 방치해 두거나 문에 메모지나 스티커 등을 붙여 놓는 것도 재물운을 떨어뜨리는 원인이 되므로 주의한다. 냉장고의 안팎을 항상 깨끗하게 유지해야 기의 순환이 원활해진다.

쓰레기는 음의 기운과 통하고 운세를 나쁘게 만든다. 그렇기 때문에 쓰레기는 냄새가 나지 않도록 쌓아두지 말고 보이지 않는 곳에 두어야 한다. 쓰레기에서 나온 음의 기가 실내에 머무르지 않도록 쓰레기통은 반드시 뚜껑이 있는 것을 사용한다.

부엌에 지갑 보관은 금물

풍수인테리어에서 침실은 수입을, 욕실은 지출을, 부엌은 저축을 의미한다. 특히 부엌은 저축과 관련 있는 공간이다.

부엌에 지갑을 두는 것을 금해야 한다. 부엌에는 가스레인지, 전자레인지 등 불의 기운이 머무는 공간이기 때문에 지갑을 놔두게 되면 재물이 빠져나간다.

부엌, 이것만 지키면 건강운과 재물운이 좋아진다

- 그릇, 냄비, 프라이팬 등은 최소한의 쓰는 것 이외에는 정리하거나 과감히 버린다.
- 그릇은 모두 싱크대나 수납장 안에 수납한다. 특히 날카롭고 뾰족한 것은 흉한 기운을 부르고 다툼을 일으키므로 가위, 포크, 젓가락, 칼 등은 보이지 않는 곳에 철저히 넣어둔다.
- 스테인리스 그릇이나 냄비를 반짝반짝하게 닦아 두면 재물운이 열린다.
- 가스레인지나 전자레인지 등 불을 사용하는 기구는 동쪽에 둔다.
- 부엌 가구의 문이 잘 여닫히지 않거나 삐걱거리는 등 문제가 있으면 바로 수리한다.
- 냉장고 안의 음식물 정리를 잘한다. 어수선하면 돈을 잃게 된다.

욕실은 가족 건강과
애정운을 좌우한다

　욕실은 물의 기운이 왕성한 장소로 가족의 건
강운과 애정운에 큰 영향을 미친다.

　욕실 인테리어는 물의 기운과 궁합이 좋은 파
스텔 컬러를 기본으로 하고 플라스틱제품보다
는 도자기나 유리로 된 것을 사용하는 것이 좋
다. 특히 환기에 유의해야 한다. 욕실 안 물의 기
운이 외부로 퍼지는 것을 막기 위해서는 욕실문
앞에 매트를 깔아두는 것도 좋다. 매트 색깔은
검은색과 회색 등 어두운 색이나 지나치게 화려
한 원색은 피하고 밝은 파스텔 컬러를 선택한다.

가족 건강 지키는 욕실의 향기

가족의 건강운과 관계가 깊은 욕실은 물의 기운이 강한 장소다. 춥거나 냄새가 나고 어두우면 물의 기운에서 나오는 나쁜 기가 쌓이게 되어 아버지의 건강에 나쁜 영향을 주게 된다. 어머니는 산부인과 질환에 걸리기 쉽다.

욕실은 항상 밝고 따뜻하고 깨끗하게 정리해야 한다. 겨울에는 히터를 자주 틀어 냉기를 없애주고 악취가 나지 않도록 항상 깨끗이 유지해야 한다. 욕실에서 나는 냄새는 어머니의 이미지를 좌우하는 역할을 하므로 악취를 제거하고 좋은 향기가 풍기도록 신경써야한다. 욕실의 향기는 금(金生水)이나 목(水生木)의 기운을 가진 감귤계 향이 제일 좋다.

행운을 상승시키는 소품

세면대 앞의 거울은 미용과 밀접한 관계가 있다. 그러므로 미용운을 높이기 위해서는 거울을 항상 반짝거리게 닦아야 한다. 욕실의 여러가지 용품은 거울에 비치지 않도록 하는 주의가 필요하다.

샴푸, 린스는 도기나 유리병에 담는다. 시각적으로도 좋지만 기의 밸런스를 조절해주는 역할을 하기 때문이다. 비누 케이스 역시 가급적 도기제품을 사용하는 것이 좋다. 조개 등 바다와 관련한 문양이 들어가 있는 도기 케이스는 애정운과 재물운을 상승시켜준다.

욕실은 탁한 수의 기운이 강해서 맑은 수의 기능으로 바꿔주려면 금의 기운이 필요하다. 금의 기운이 강한 도기는 습기에 강하고 청소가 용이하다. 도기의 욕조나 세면대를 흰색으로 배치하면 탁한 기운을 다스리는데 도움이 된다.

세면대는 물의 기운과 불의 기운이 공존한다. 미용운과 재물운을 주관하기 때문에 세탁물이나 자질구레한 물건으로 주변이 지저분해지면 기의 흐름이 혼탁해져 운세가 하락할 수 있다. 주위를 항상 깨끗이 정리 정돈하고 조명도 밝게 해준다.

여성의 기운 상징하는 타월의 컬러

타월은 피부에 직접 닿는 물건이므로 질감이 부드럽고 화이트, 핑크, 크림색 등 파스텔 컬러로 통일하는 것이 좋다. 여성은 꽃무늬가 들어간 것이 이상적이며 남성인 경우는 체크나 로고가 들어간 것이 적합하다.

타월의 수납에도 신경써야한다. 물이 있는 곳에서 사용하는 타월은 여성의 기운을 상징한다. 타월을 눌러서 수납하는 것은 곧 운세를 억압하는 것과 마찬가지다. 수납장은 넉넉한 사이즈로 설치하고 타월은 여유 있게 통풍에 신경을 써서 수납하도록 한다.

욕실의 꽃은 아름다움과 직결되는 최고 아이템이다. 그러므로 항상 싱싱하고 아름다운 생화를 장식하고 시들거나 오염되었다면 즉시 버린다.

욕실, 이것만 지키면 편안해진다

- 욕실문은 항상 닫아둔다.
- 변기 뚜껑은 닫아두고, 사용 후에도 꼭 닫고 물을 내린다.
- 항상 습하기 때문에 환기를 잘 시킨다.
- 감귤향의 방향제를 사용하면 좋다.
- 큰 거울을 두어도 좋다.
- 거울과 세면대는 반짝거리게 닦는다.
- 욕실 바닥에 물기가 없도록 한다.
- 욕조에는 물을 받아두지 않는다.
- 샴푸나 비누 등을 담는 욕실용품은 도기류나 유리제품을 사용한다.
- 타월은 부드러운 핑크나 파스텔 컬러로 한다.
- 수납장은 넉넉한 사이즈로 하고 수납공간에 여유를 둔다.

2
가구 위치만 바꿔도 운이 상승한다

같은 집이라도 새 가구를 들여놓거나 배치를 바꾸고 구조를 변경하면 새로운 기분이 든다. 그래서 우리는 이따금 기분전환을 위해 집안의 인테리어나 색깔을 바꾸게 된다.

동일 공간에서 느끼는 새로운 기분 – 보이지도 잡히지도 않는 설명할 수 없는 새로운 기분 – 이것이 공간이 만들어내는 결과다.

풍수에 맞는 가구 배치

기는 땅에서 뿐 아니라 우리가 살고 있는 모든 공간에서 살아 움직이며 사람들에게 영향을 준다.

좋은 기가 흐르는 공간에서 생활하면 삶도 활기로 넘친다. 하지만 나쁜 기가 흐르는 공간에 오래 있으면 피곤하고 불안하고 건강마저 잃게 된다. 인테리어에 풍수 개념과 원칙을 도입하는 것도 바로 이런 이유에서다. 생활공간이 건강해야 삶도 건강하고 행복해질 수 있다. 집을 생기가 흐르는 좋은 공간으로 만들기 위해서는 크기나 모양뿐 아니라 가구의 배치도 중요하다.

사실 많은 사람이 넓은 집을 선호하지만 풍수로 볼 때 넓이는 아무 의미가 없다. 그보다는 집을 꾸미고 가꾸는 일이 중요하다. 우선 필요 없는 물건은 쌓아두지 말고 과감히 처분하는 것이 좋다. 공간을 최대한 활용해서 생기로 가득한 느낌을 주도록 해야 한다.

소파, 위치와 컬러로
가족의 행복 상승시킨다

거실의 가장 중요한 인테리어 가구는 소파다. 소파는 집의 중심에서 분산된 시선을 한곳으로 모으며 온 가족을 맞이하는 거실의 얼굴인 셈이다. 풍수에 맞는 소파의 가장 좋은 위치는 현관에서 사람들이 들어오는 것을 맞이하는 자리다. 그러므로 현관에서 볼 때 대각선 위치에 놓이는 것이 가장 좋다. 이 위치는 사람과 재물이 모이는 행운의 공간으로, 소파를 놓으면 곧 재물이 쌓이는 자리가 되는 셈이다.

  소파는 앉았을 때 편안한 느낌을 주는 것이 최고다. 패브릭 소재가 가
장 좋으며 거실의 커튼에 무늬가 있으면 그 중 한 가지 색을 선택하여
밸런스를 이루도록 한다. 가죽 소파나 검은색, 회색, 진한 빨간색 등 강
렬한 색상의 소파는 가족 간의 불화를 만드는 원인이 될 수 있다. 가능
하면 파스텔 톤이나 연한 색깔의 소파를 사용하여 우환을 막는 것이 현
명하다. 현재 사용하는 소파가 너무 어둡다면 쿠션이나 방석 등을 두어
공간에 생동감을 주도록 한다.

  쿠션은 생활 속에서 소비한 활력을 보충해주며 인간관계에서도 좋은
인연을 맺어주는 역할도 한다. 혼자 사는 집이라 해도 반드시 짝수로 마
련해 두어야 한다. 색깔은 집안에 활력을 주는 밝은 색을 선택하는 것이
좋다.

침대 위치만으로도
부부 애정 좋아진다

　침대는 넓은 시야 확보를 위해 방문과 내각선 방향에 배치한다. 거실을 통하여 들어오는 기운이 부드럽게 순화할 수 있는 시간과 공간을 가지기 위함이다.

　침대의 머리 방향은 누워서 방문을 바라볼 수 있는 쪽으로 한다. 머리를 문 쪽으로 둔 채 누우면 심리적으로 불안하기 때문이다. 뿐만 아니라 기가 방안에 들어오자마자 머리에 충돌해 해로움을 주므로 이를 방지하기 위해서다.

항간에 죽은 사람을 눕힐 때 머리를 북쪽으로 하기 때문에 잠잘 때 같은 방향이 되면 좋지 않다는 말이 있다. 이는 불교설화에서 유래된 것이다. 부처가 입적할 때 머리를 북쪽으로, 얼굴은 서쪽으로 향했다고 한다. 이를 불교문화권 사람들이 수용해 시신을 북쪽(북망산천)으로 눕히고 얼굴은 서쪽(서방정토)으로 향하도록 하는 습관이 생겼다. 그래서 취침 시 머리를 북쪽으로 두지 말아야 한다고 하는데 크게 염려할 일은 아니다.

침대는 벽에서 최소한 20~30cm 떨어지게 놓아야 한다. 방안과 외부는 벽을 사이에 두고 서로 다른 기가 부딪치고 있다. 온도 차로 인해 수면 중일 때 해로움을 준다. 또 침대 밑은 손이 자주 가지 않아 먼지가 쌓일 우려가 있는데 벽과 떨어져 있으면 청소가 쉬워 청결을 유지할 수 있다.

또한 전기 콘센트로부터 최소한 30cm 정도는 떨어져야 한다. 30cm 이내 콘센트에서 발생하는 전·자기적 성질 때문이다. 침대 매트의 스프링과 자기장이 형성되어 신체의 전·자기적 성질에 변화를 주게 되어 신진대사에 영향이 있다는 실험 결과도 있다. 전자제품도 역시 침대로부터 멀리 두는 것이 좋다. 전자제품에서는 미세한 전기가 계속적으로 발생하기 때문에 먼지가 주위로 몰려들게 된다.

베개에도 숨어있는 운

침대 커버, 베개 커버, 커튼 등은 침실과 침대의 위치에 따라 오행의 본색(本色)이나 간색(間色) 또는 상생시켜 주는 색으로 하는 것이 바람직하다. 침대나 베개 커버를 자주 갈고 잠옷도 새로 세탁한 것을 입으면 재물운이 상승한다.

매일 머리를 두고 자는 베개에도 운이 숨어 있다. 큰 베개를 사용하면 재물운이 상승한다. 검은색이나 원색보다 녹색이나 노란색이 금전을 불러들이는 색이다. 침대에 베개를 둘 때는 하나만 두지 말고 두 개 이상을 세트로 갖춰놓는 것이 좋다. 혼자 사용하는 침대의 경우도 마찬가지다.

tip

오행의 본색과 간색

삼원색과 오행의 색이 본색이고, 오행이 다른 오행으로 바뀌는 경계의 색이 간색이다.

	동쪽	남쪽	중앙	서쪽	북쪽
본색	푸른색(靑色)	빨간색	노란색	흰색	검은색
간색	녹색	홍색	검은황색	옥색	자주색
오행	목	화	토	금	수

책상 위치와 소품만 바꿔도
성적이 오른다

아이의 공부방 책상은 천연 그대로인 목재(원목)가 좋다. 반면 캐릭터 그림이 잔뜩 붙어 있는 화려한 스타일이나 강철 소재는 집중력을 분산시키므로 피한다. 의욕을 향상시키는 작은 화분의 관엽식물은 상관없지만 크고 화려한 식물은 오히려 집중력을 떨어뜨린다. 책상 앞에는 장난감이나 정신을 산만하게 하는 물건은 놓지 말아야 한다.

　책상의 위치는 가능하다면 방문에서 대각선 방향에 있도록 하고 창문 바로 아래는 피한다. 방문을 등지고 앉는 것은 감시를 받고 있다고 느낄 수 있을뿐더러 불안감을 초래하기 때문에 피하는 것이 좋다. 창문 바로 아래 책상은 아이의 눈이 피로해 질 수 있다. 또 창문으로부터 들어오는 기가 아이를 바로 치기 때문에 풍수에 맞지 않는 위치다.

　의자는 바퀴가 달리지 않은 원목 소재가 좋으며 의자 아래는 러그를 깔아 발을 따뜻하게 해주면 좋다.

　구조상 가능하다면 책상은 북쪽을 향해 놓는 것이 가장 좋다. 동쪽도 별 문제는 없지만 공부보다 스포츠나 전자 계통에 능한 아이로 자랄 가능성이 많다. 또한 서쪽을 향해 있으면 의욕이 떨어지기 쉽다. 남쪽은 감성이 풍부하고 예술 계통에 소질이 있는 아이에게 적합하지만 진득하니 앉아 있지 못하는 성격이라면 절대로 피해야 한다.

책꽂이는 책상과 일정한 간격을 유지하면서 벽을 따라 질서 있게 배치한다. 책을 책꽂이에 진열할 때는 질서있게 여유를 두고 세로 방향으로 꽂는다. 꽂혀 있는 책 위에 무질서하게 가로 방향으로 올려놓으면 기가 원활하게 소통하지 못해서 탁한 기운이 감돌아 아이의 건강이 나빠질 수 있다.

3
소품으로 좋은 기운 살린다

1
소리도 기를 발산한다

소리도 기를 발산한다. 그런데 규칙적인 소리라고 해서 좋은 기운이고 불규칙적인 소리라고 해서 반드시 나쁜 기운은 아니다.

일반적으로 소음은 나쁜 기운이고, 음악이나 계곡의 물 흐르는 소리, 새소리 등은 좋은 기운으로 볼 수 있다. 하지만 좋은 소리도 잠잘 때와 같이 상황에 따라서는 나쁜 기운으로 바뀌기도 한다. 그래서 소리의 기는 받아들이는 사람의 상태에 따라서 때로는 좋은 기로, 때로는 나쁜 기로 작용하게 된다.

같은 소리도 때로는 좋은 기로, 때로는 나쁜 기로

미국 출신 프랭크 로이드 라이트는 세계적인 건축가 가운데 한사람이다. 그를 유명하게 만든 작품이 미국 펜실베이니아 주 베어 런에 있는 카프만 씨의 집인 낙수장(落水莊, Falling water)이다.

이 집은 자연친화적 건축기법으로 계곡 사이에 있는 폭포가 쏟아지는 바위 위에 세워졌다. 특징 가운데 하나는 계곡의 모습을 그대로 둔 채

바위와 나무의 형태를 그대로 살렸다는 점이다. 아래로 흐르는 급류와 폭포에서 떨어지는 물소리가 언제나 집안에 가득 찬다.

그런데 세계에서 가장 아름답다고 하는 이 집은 풍수로 볼 때 흉가에 속한다. 강물이 급하게 흐르는 곳에서는 바람도 강하게 불어 생기를 빼앗아가며 그곳에 사는 사람의 건강을 해치게 된다. 실제로 이 집이 완공된 뒤 입주한 주인은 얼마 살지 못하고 다른 곳으로 이사를 갔다. 밤마다 거실 바닥을 통해 들리는 물소리와 바람소리가 마치 귀신의 울음소리 같아서 잠을 제대로 잘 수 없었다고 한다. 물론 낮에는 폭포에서 떨어지는 물소리와 계절마다 바뀌는 풍경이 휴식을 주어 좋은 기운으로 작용했지만 밤에는 같은 소리가 수면을 방해하는 나쁜 기운으로 작용한 것이다. 낙수장은 현재 주택이 아닌 기념관 등으로만 사용되고 있다.

좋은 기운을 부르는 소리

음악을 식물재배에 이용한 그린 음악농업은 농약을 사용하지 않아도 병충해가 없는 것은 물론 수확량도 놀랄 만큼 향상시킨다고 한다. 이 실험 결과에 의하면 식물이 좋아하는 소리는 2000Hz, 경음악(사람 목소리가 없는), 자연의 소리라고 한다.

소리의 높고 낮음, 빠르고 느림이 우주변화의 원리(한 번 높으면 한 번은 낮게, 한 번 빠르면 한 번은 느리게)에 맞으면 아름다운 음악이 되고 그 높고 낮음, 빠르고 느림에 질서가 없으면 소음이 된다.

아름다운 소리는 인간의 생리파동과 비슷해서 생리활동을 촉진시키는 생명의 소리다. 반면 소음은 사람의 생리활동을 거꾸로 일어나게 하는 해로운 존재다.

태아 때부터 아름다운 음악을 들려준 아이의 IQ가 그렇지 않은 아이들에 비해 높게 나왔다는 보고도 있다. 소리가 인체에 미치는 영향을 연구해서 약을 제조하듯이 음악을 만들면 정신질환은 물론 기질적인 질환까지 치료할 수 있다고 한다.

질병은 음양의 밸런스가 깨져서 생긴다. 인체의 생리는 한 번은 음이 양보다 많고 한 번은 양이 음보다 많았다 하면서 계속 밸런스를 유지한다. 그러나 음만 계속되고 양이 회복되지 않거나 양만 계속되고 음이 회복되지 않으면 병이 된다. 음이 회복되지 않을 때는 음의 속성을 가진 음악(낮은 소리)을 듣고, 양이 회복되지 않을 때는 양의 속성을 가진 음악(높은 소리)을 들으면 된다. 그러면 음양의 균형이 회복되면서 치료될 수 있다.

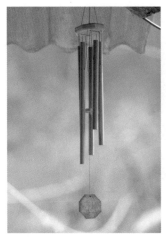

곳곳에 숨어있는 나쁜 소리

집에서도 여러 가지 진동과 소리가 발생한다. 그 중에는 사람의 귀에 들리거나 감지되는 것도 있지만 그렇지 못한 것들도 있다.

건물이 중심을 잘 잡고 전체적으로 균형 잡힌 상태를 유지하고 있으면 아름다운 진동과 소리를 가진다. 그러나 중심이 빈약하거나 불균형한 상태에서는 불안한 소리가 난다. 방문이나 창문 등을 열고 닫을 때 나는 거슬리는 소리, 알루미늄 새시나 유리 긁히는 소리 등 기분 나쁜 소리가 날 때는 즉시 수리한다.

2
조명 하나가 집안의 운명을 바꾼다

인테리어의 마지막은 조명이라고 말한다. 빛은 공간의 기능을 완성할 뿐 아니라 활력을 불어넣기 때문이다. 지극히 평범한 공간이라도 빛이 더해지면 상황에 맞는 공간으로 변화될 수 있다. 만약 집안 분위기가 어두침침하다면 반드시 조명을 밝게 해 주는 것이 좋다. 조명이 미치지 않는 공간이 있다면 간접조명을 설치해서 집안 전체가 환한 느낌이 들도록 해야 한다.

사람은 어둡고 서늘한 기운이 느껴지는 공간을 무의식중에 피하게 된다. 기에 민감한 인체가 본능적으로 자기 방어를 하기 때문이다.

거울이 기를 끌어들이듯이 조명 또한 지나치는 생기를 불러온다. 그래서 집안의 생기를 북돋아주고 흐름을 촉진시켜 맑고 부드러우며 따뜻한 기운이 넘치게 한다.

전기세 아끼면 가족 간 불화 초래

실내에서도 전기세를 아낀다고 조명을 밝히지 않고 어둡게 생활하는 경우가 있는데 절약 이상으로 큰 대가를 치를 수도 있다. 조명은 태양의 역할을 하기 때문에 집안의 기운을 활기차고 따뜻하게 하며 습하고 탁한 기운을 맑게 해준다.

만약 어머니가 머무는 부엌의 조명이 어둡다면 어떤 현상이 생길까? 부엌의 탁한 기운을 풀어줄 수 없을 뿐만 아니라 어둠 때문에 활동이 위축되고 심리적으로도 소극성을 띠게 된다. 우선 어머니 자신이 부엌에 들어가기를 꺼리게 된다. 가족들을 위해 맛있는 음식을 준비하려는 정성보다는 그저 의무감으로 부엌 출입을 하게 되는 것이다. 그러니 음식 맛도 맛이려니와 자신도 모르는 사이에 가족들에게 소홀해진다. 설상가상 가족들이 어머니를 기피하게 된다.

풍수에서는 해로운 기운이 머문 공간에서 장시간 생활을 할 경우 그곳에 있던 사람에게서도 똑같이 해로운 기운이 방출된다고 본다. 가족들이 특별한 이유도 모른 채 어머니를 기피하여 밖으로 돌거나 불화가 심해질 수 있다.

조명은 풍수 비보책

조명은 풍수 비보책으로 쓰인다. 예를 들면 요철(凹凸)이 있는 구조로 설계된 집일 경우 빠져나간 귀퉁이나 깎여진 구석에 조명을 설치하여

소실된 부분을 보완하는 것이다.

움푹 들어간 귀퉁이 부분은 기의 순환이 안 되거나 조화롭지 못한 기운이 감돈다고 본다. 또한 그곳에서 생활하는 가족에게도 불리한 일이 일어난다. 이때 조명은 구석을 밝혀서 기의 순환을 돕고 모서리에서 방출되는 예리한 기를 부드럽게 완화시켜 준다.

공간별 조명 사용법

조명을 설치할 때는 공간의 성격과 용도에 적합한지를 먼저 생각한다. 가족에게 편안함을 줄 수 있도록 조명의 색과 조도에 신경써야 한다. 현관문을 열었을 때 자동 센서가 부착되어 바로 환하게 밝아지는 집

과 어두워서 앞을 분간하기 힘든 집은 가정 경제의 발전 정도가 다르게 나타난다.

물론 조명 효과 하나만으로 가운이 발전하는지 아닌지를 따진다는 것은 너무 극단적인 비교라고 생각할 수 있다. 그러나 각각 어둡거나 환한 상태로 5년 넘게 살아간다면 분명히 가정 경제에 차이가 난다는 것이 풍수가의 주장이다.

현관 조명은 심플하고 천장에 부착된 노란빛을 내는 둥근 모양의 등이 풍수에 적합하다.

거실은 가족의 라이프스타일에 따라 기능이 달라지는 멀티공간이므로 색상이나 조도를 달리할 수 있는 여러 가지 조명을 사용하는 것이 좋다. 기본적으로는 비교적 밝고 노란빛을 띠는 천장의 전체 조명과 스탠드처럼 은은한 간접조명을 사용하면 된다. 키가 큰 스탠드는 가장의 발전운을 좋게 하므로 적극적으로 사용할 것을 권한다. 특히 발코니를 확장하여 실내공간으로 편입되었을 경우에는 전체적인 균형이 깨져 음한 기운이 발생할 수 있으므로 반드시 공간에 맞는 간접조명(스폿 조명이나 벽등)을 설치하여 좋은 기운이 감돌 수 있도록 한다.

침실에는 아늑한 분위기를 조성해 수면에 도움을 줄 수 있는 조명을 선택한다. 색온도가 낮고 조도를 조절할 수 있는 전체 조명과, 간단한 독서와 생활편의를 위한 둥근 갓을 씌운 스탠드를 간접조명으로 사용한다. 조명은 따뜻하고 은은한 느낌의 백열등이나 전구색의 등을 권한다.

음식을 준비하는 부엌에는 천장에 기본 조명과 요리에 집중할 수 있는 스폿 조명을 조리대 위에 설치한다. 식사를 하는 다이닝룸의 조명은 주위 사람의 얼굴이 부드럽게 보이고 식욕을 돋우는 노란빛을 내는 밝은 분위기의 백열등이나 할로겐이 좋다. 다이닝룸과 부엌의 조명을 올바르게 사용하면 불과 물의 기운을 잘 다스려 가족의 좋은 기운을 올릴 수 있다.

아이방의 경우 전체 조명보다 책상 위에 설치하는 스탠드에 집중한다. 아이가 공부할 때 집중력을 높인다고 스탠드만 켜놓는 경우가 많다. 이는 눈 건강에 좋지 않을뿐더러 방에 어두운 음의 기운이 머물 우려가 있으므로 전체 조명을 꼭 켜도록 주의를 준다.

3
거울 인테리어가 기의 흐름을 원활하게 한다

풍수인테리어에서 기의 흐름을 원활하게 소통시키기 위해 가장 많이 이용되는 소품이 거울이다. 거울은 동서양을 막론하고 풍수적 결함을 보완하는 만병통치약과도 같은 구실을 한다.

거울, 조명등, 수정구슬 등은 빛이나 공간의 활용을 위한 소품이다. 한편 풍경, 작은 종, 바람개비 등은 나쁜 기를 흩어지게 해서 약화시키는 소품이다. 조각상이나 정원석 등은 보조 건물의 역할을 하는 중량감을 가진 소품이다.

오디오, 컴퓨터, TV 등은 소리나 화면으로 기를 활성화시키고 옷이나 지갑 등 기타 소지품, 벽지, 가구 등은 오행의 색깔을 갖추어 행운을 도와주는 역할을 한다.

거울 위치에 따라 다른 에너지

외국(특히 홍콩)과는 달리 우리나라 대부분의 풍수가들은 현관문을 열었을 때 마주 보이는 전면의 거울은 좋지 않다고 본다. 거울이 실내의 복을 반사하여 밖으로 내보낼뿐더러 현관을 통해서 들어오는 좋은 기운을 산란시키기 때문이다. 오히려 현관의 옆면에 작은 거울을 부착해서 외부의 악한 기는 되돌려 보내고 좋은 기를 취하는 것이 좋다. 현관문을 열었을 때 작은 거울을 왼쪽에 걸면 재물운이 올라가고 오른쪽에 걸면 출세운이 올라간다. 행여 정면에 거울을 걸어야한다면 금속이나 나무 등의 테두리가 있는 것이 좋고, 거울을 가릴 수 있는 관엽식물을 두도록 한다.

건강 해치는 거울

홍콩과 일본의 풍수에서는 침대 머리맡이나 거실의 측면에 넓은 거울을 두라고 한다. 그래야 행운의 에너지가 극대화되어 발전이 순조롭고 돈의 흐름도 원만해져 경제적으로도 풍요를 누린다는 것이다. 그러나 우리나라는 침대 머리맡이나 발치에 거울을 두는 것을 흉하게 여긴다.

우선 잠자리의 편안한 휴식을 방해한다. 도중에 일어나 잠이 덜 깬 상태에서 거울에 비친 자신의 모습을 보면 놀랄 수 있어 오히려 기를 위축시키므로 해롭다.

부엌과 욕실의 정화기능

거울은 막히거나 답답한 공간의 기를 뚫어 주고 그 흐름을 촉진시킨다. 뿐만 아니라 공기가 탁한 곳에서 기를 맑게 해주는 정화작용도 하고 있다.

음식 냄새가 잘 빠져나가지 않는 부엌이나 퀴퀴한 냄새가 많은 욕실에 적당한 크기의 통거울을 부착하면 좋다. 거울이 탁한 기운을 풀어서 맑고 순한 생기로 변화시킨다.

대로나 건물의 나쁜 기운 해결

거울의 효용성은 매우 다양하며 풍수적 결함을 해소하고 보완하는 데 있어서도 유용하다.

예를 들면 집 주변에 큰 도로가 뚫렸거나 영안실 등의 흉한 건물이 있는 경우에는 외벽에 적당한 크기의 거울을 부착하면 된다. 거울이 큰 도로에서 나오는 거칠고 탁한 기와 불길한 기를 반사시켜 집안으로 들어오지 못하게 하는 방패 역할을 하기 때문이다.

거울은 매우 적극적이고 공격적으로 사람에게 해를 끼치는 나쁜 기운을 차단시켜 그 내부의 생기를 보호한다.

도심에서 흔히 보는 빌딩의 대형 반사 유리들도 외부의 영향력을 최소화할 수 있는 거울의 기능을 수행하고 있다.

골목길 또는 도로가 아파트를 향해 일직선으로 뻗어 있는 경우가 있다. 이때 현관 윗부분에 맑은 거울을 달아두면 그곳에서 보내지는 위압적이고 강력한 기운을 되돌려 보내게 된다.

4
액자로 집안의 복을 부른다

생명이 있는 꽃과 식물뿐만 아니라 그림이 담긴 액자와 사진도 공간에 생기를 불어넣어준다. 특히 밋밋하고 허전해 보이는 벽면에 복을 부르는 기운찬 그림 한 점 걸어놓으면 마음도 풍요로워지고 좋은 기운을 유지하게 만든다. 다양한 컬러가 들어간 사진은 다소 무거워질 수 있는 공간을 양기로 채워주는 효과도 있다.

집안의 외진 곳이나 복도 끝 어두운 곳에 기운이 순환할 수 있도록 빨간색 계열의 그림을 걸어두는 것도 좋은 방법이다. 그러나 집안의 분위기에 도움이 된다고 해서 너무 많은 액자를 설치하는 것은 금물이다. 통일감 없는 여러 개의 액자는 오히려 불안감을 주기 때문에 심플하게 걸도록 한다. 한편 액자를 걸 때 벽에 내는 못 자국을 풍수에서는 음의 기운을 불러들이는 것으로 보기 때문에 무겁지 않은 액자는 붙이는 못을 사용하는 것도 한 방법이다.

가족애 불러오는 가족사진 위치

현관에서 정면으로 보이는 곳에는 빨간색 또는 주황색의 꽃그림 액자를 걸어 두면 좋다. 소파를 둔 거실 벽면은 차분한 정물화나 밝고 환한 느낌의 풍경화가 어울린다. 무거운 분위기의 추상화, 인물화는 기의 흐름을 방해하기 때문에 좋지 않다. 현관에서 바로 보이는 거실 벽면에 아이사진이나 아이와 같이 찍은 가족사진을 걸어두고 그 아래 작은 화분을 두면 가족애가 높아진다. 부부사진은 부부침실에 걸어두는 것이 좋다.

부엌에는 자연풍경이 그려진 그림이나 사진을 걸어두는 것을 권장한다. 그러나 어둡고 무거운 분위기의 그림은 피해야 하고 달력을 걸어두는 것도 좋지 않다.

4
컬러 풍수인테리어가 부족한 기운을 채운다

1
집안에 색을 입히면 행복해진다

인간의 눈으로부터 들어오는 시각정보 중에 80% 이상이 색의 정보라고 할 만큼 큰 영향을 받고 있다. 색의 사용방법에 따라서 몸과 마음(몸과 마음의 움직임)에 많은 영향이 미친다. 효과적인 색의 사용방법을 알아두고 일상생활에 적용해 보는 것이 바람직하다.

서로 다른 기운을 만드는 다양한 색깔

자연은 수많은 색깔을 만들어 낸다. 같은 장소라도 계절마다 그 색깔이 다르다. 겨울이 생동적이지 못하고 침울하며 침체된 듯한 느낌을 주는 것은 추운 날씨가 활동을 상당히 제한하고 있는 탓일 수 있다. 그러나 무엇보다 메마른 대지와 앙상한 나뭇가지의 색깔이 단순하고 생동감이 없기 때문이다.

같은 장소에서의 봄은 겨울과 전혀 다른 색깔을 만들어 낸다. 곱고 화려한 온갖 꽃과 벚나무 등이 연출하는 색은 사람의 기분을 밝게 해준다. 도로가의 짙은 노란색의 개나리 역시 마음을 자극할 정도로 강렬하게 다가온다.

　여름은 봄과 같이 화사한 색을 만들어 내지는 못하지만 싱그럽고 생동감이 있다. 역동적으로 성장해가는 느낌을 주는 녹색을 오랫동안 보여주기 때문이다. 가을이 오면 자연은 다시금 인간의 마음을 사로잡는 색깔을 만들어 낸다. 봄에서 느낄 수 없는 다양한 색의 단풍을 선물한다.

　이처럼 자연은 동일한 장소에서도 끊임없이 다양한 색깔을 만들어 내면서 계절마다 서로 다른 기운을 발산하고 있다.

2
색깔로 오행의 균형을 맞춘다

만물에는 음과 양이 있고 목(木), 화(火), 토(土), 금(金), 수(水)의 오행이 있다. '오행'은 계절, 색깔, 방향, 사람의 신체 기관과 감정을 연결해서 해석한다. 목은 푸른색(짙은 청색), 화는 빨간색, 토는 노란색(황금색), 금은 흰색, 수는 검은색을 나타낸다.

실생활에서 음양오행의 상생을 강조하고 상극은 무조건 피하는 경향이 있다. 그러나 예로부터 수화불상역(水火不相射, 물과 불은 서로 싫어하지 않는다)이라고 말했다. 물과 불이 상극이라도 서로 어울려 맛있는 요리가 만들어지고, 나무와 쇠가 상극이라도 칼로 나무를 다듬어 예술품을 탄생시킨다.

상생과 상극을 잘 활용해야 적은 비용으로 인테리어 효과를 충분히 맛볼 수 있다. 서로 상생의 색깔만 사용하면 포인트가 없는 밋밋한 느낌이 들 때가 있다. 상극의 색깔도 적당히 매치하면 서로 균형과 조화를 이루면서 산뜻하고 활기찬 느낌을 줄 수 있다.

오행의 토는 북동쪽, 중앙, 남서쪽에 금은 서쪽와 서북쪽에 목은 동쪽과 동남쪽에 수는 북쪽에 화는 남쪽에 배치되어 있는데 일사분란하고 규칙적이다. 해가 동쪽에서 뜨니까 동쪽(목)에서 시작하여 남쪽(화) → 중앙(토) → 서쪽(금) → 북쪽(수)으로 순회하는 것을 원칙으로 하고 있다.

오행의 상생과 상극 관계를 보면 (수) → 목 → 화 → 토 → 금 → (수) 순서로 나열되었을 때 이웃하는 오행끼리는 상생관계가 성립된다. 그러나 하나 혹은 그 이상을 건너서 이웃할 때는 상극관계가 성립된다. 우주 전체는 음과 양이 반반으로 완전한 조화를 이루고 있다. 우주만물 중에서 인간이 음양의 조화를 가장 잘 이루고 있으나 그래도 약간의 편차가(지구의 중심축이 23.5도 기울어져 있기 때문) 있어 각양각색의 사람들이 있다.

사람들이 각각 다른 성질을 가지고 있고 약간씩 다른 생리활동을 하는 것은 타고난 음양의 편차 때문이다. 따라서 일정한 오행법칙으로 모든 사람을 만족할 수 있는 방법은 그리 간단하지 않다.

각 개인의 사주에서 과부족한 오행을 보충해 주거나 삭감하는 인테리어 방법(방위나 색깔을 이용)과, 각 개인의 기호나 성격에 따라 색깔 등을 이용한 패브릭이나 소품 또는 컬러테라피 인테리어 방법을 이용하면 좋다.

색깔은 인간의 정신적, 생물학적, 생리적인 요인까지 영향을 미친다. 일상생활에서 색깔을 통해 정서적인 균형과 조화를 이루고 주변 환경을 개선하면 좋은 기운이 늘 집안에 감돌아 가족의 부족한 기운을 채울 수 있다.

오행의 상생

목은 화를 생(生)하고, 화는 토를 생하고, 토는 금을 생하고, 금은 수를 생하고, 수는 다시 목을 생하여 한 주기를 이룬다.

오행은 변화의 과정을 말한다. 상생관계에 있는 오행은 같이 있을 때 도움을 받는 모자관계로 비유되기도 한다.

목은 화로 변하고 화는 꺼져서 재가 되는데 재는 곧 흙이 된다. 흙이 다져지면 돌이 되고 돌 속에 쇠가 있는 것을 토가 금을 생한다고 한다. 금은 녹아서 물처럼 흐르는데 이 이치가 얼음이 녹아서 물이 되는 것과 같다. 그래서 금은 수를 생한다고 한다.

같은 속성이 있는 것을 한 그룹으로 만드는 오행론에서 보면 고체의 상징인 금이 액체의 상징인 수로 변한다는 말이 이해하기 어렵지 않다. 나무는 물을 먹고 몸을 키워 나가니 물이 나무로 변화된다고 할 수 있다.

목화토금수(木火土金水)는 단지 지구를 구성하는 물질과 현상의 상징일 따름이지 목이라 하여 꼭 나무만을 말하는 것은 아니다.

오행의 상극

화는 수가 견제하고, 수는 토가 견제하고, 토는 목이 견제하고, 목은 금이 견제하고, 금은 화가 견제하여 한 주기를 이룬다.

만물과 오행은 서로 도와주기도 하지만 견제할 때도 있다. 음양이 서로 끌릴 때도 있지만 배척하기도 하는 것과 같다.

오행	상생관계	상극관계
목	목 생 화	목 극 토
화	화 생 토	화 극 금
토	토 생 금	토 극 수
금	금 생 수	금 극 목
수	수 생 목	수 극 화

오행의 색깔

풍수지리에서 방향과 계절 등 자연환경과 인간의 신체기관은 연결되어 상호작용한다고 본다. 그리고 이것을 음양오행으로 구분해 각 요소가 지닌 특징에 따라 색을 활용한 것이 음양오행의 색깔이다.

오행의 색깔은 각각의 에너지를 가지고 있기 때문에 이것을 균형 있게 상호 보완하여 활용하는 것이 중요하다. 예를 들면 흰색(금) 공간에 검은색(수)과 푸른색(목)으로만 배색하기보다는, 검은색(수)에 노란색(토)을 더하고 푸른색(목)에 빨간색(화)을 활용해 서로 보완과 균형을 주면 좋다.

사람마다 혹은 장소나 위치에 따라 좋은 색과 해로운 색이 있으므로 어느 한쪽이 지나치거나 모자람 없이 적절하게 배치하는 것이 중요하다.

오행 알아보기

간지(干支)의 오행

인갑묘을(寅甲卯乙)ㅡㅡㅡㅡㅡ 목(동쪽)

사병오정(巳丙午丁)ㅡㅡㅡㅡㅡ 화(남쪽)

신경유신(申庚酉辛)ㅡㅡㅡㅡㅡ 금(서쪽)

해임자계(亥壬子癸)ㅡㅡㅡㅡㅡ 수(북쪽)

곤간진술축미(辰戊丑未)ㅡㅡㅡ 토(중앙)

사주팔자는 연월일시의 천간과 지지의 8글자를 말하는데 8글자의 오행을 따져 부족한 것을 채워주기도 한다. 예를 들어 2016년 2월 17일 낮 12시에 태어난 사람의 오행은 병신(丙申)년, 경인(庚寅)월, 기사(己巳)일, 경오(庚午, 낮 12시)시다.

이 사람의 대략적인 오행은 병(화)신(금), 경(금)인(목), 기(토)사(화), 경(금)오(화)다. 금이 3개, 화가 3개, 목과 토가 1개씩 있고 수가 없다. 그러니 방을 꾸밀 때는 수의 색인 검은색으로 포인트를 주어 비보하도록 한다. 부족한 오행을 보충해 주는 것이 옳은 방법이기 때문이다(휴대전화에서 만세력 앱을 다운받아 오행을 알고자 하는 사람의 생년월일시를 입력하면 오행을 쉽게 알 수 있다).

젊음의 상징 푸른색(蒼色 : 하늘색 계열의 푸른색, 짙은 청색)

푸른색은 오행 중에서 목의 기운을 상징하며 방향은 동쪽과 동남쪽이다. 계절은 봄으로 생성, 성장과 동시에 차갑지도 따뜻하지도 않은 중용을 상징하는 색이다. 대립이 심한 장소나 불안정한 곳에 활용하면 효과적이다.

푸른색의 지루함에 활력을 주고자 할 때 화의 기운인 빨간색을 함께 활용하면 균형을 이룰 수 있다. 목의 기운을 강화시키려면 선명하고 강한 초록색과 수의 기운인 검은색을 더할수록 효과적이다. 목의 기운을 도와주는 색은 초록색, 파란색, 검은색이며, 나무 소재의 가구나 수족관 등을 활용하면 효과적이다.

오행 목(木)의 본색

목의 본색은 푸른색이다. 우리는 목의 푸른색을 녹색 혹은 청색과 혼용하여 사용한다.

목의 본색은 창색(蒼色=深靑, 짙은 푸른색)으로, 창공(蒼空)을 푸른 하늘, 파란 하늘로 표현하는 것처럼 푸른색 또는 파란색으로 같이 사용한다.

막연히 목의 색을 청색(靑色)이라고 하는데, 여기서 청색은 나무 색깔로 그 중에서도 대나무 색깔을 말하고, 녹색은 간색이다.

원래 동방 청룡(靑龍)은 창룡(蒼龍)이다. 창룡을 청룡으로 부르면서 목의 색도 모호해 졌다는 생각이 든다.

화의 기운을 지닌 빨간색은 목의 기운을 더욱 강화시켜주고, 금의 기운을 지닌 흰색과 토의 기운을 지닌 노란색은 목의 기운을 감소시킨다. 따라서 동쪽이나 동남쪽 방향에 지나치게 많은 흰색과 노란색을 활용하면 목의 기운이 감소하게 된다.

푸른색은 양의 활동을 시작하는 색깔이다. 봄, 신선함, 평온함, 희망, 생기와 발랄함을 지니고 있어서 젊음을 상징한다. 겨울 동안의 긴 잠에서 깨어나 봄에 싹을 틔우는 나무의 성질과 일치한다. 자연 속에서 가장 많은 색깔이며 눈의 피로를 덜어주는 역할도 한다. 비교적 누구나 선호하는 색이며 좋은 기를 발산한다.

푸른색은 맑고 청아함을 주는 기운이 있으며 자연과 봄의 색깔과 가깝기 때문에 남색보다 더 상서로운 색으로 볼 수 있다.

에너지의 근원 빨간색

빨간색은 오행 중에서 화의 기운을 상징하며 방향은 남쪽이다. 계절은 여름으로 음의 기운은 없고 불의 기운을 가지고 있다. 추진력이 있고 열정적이며 따뜻한 색이다. 인내심이 부족하고 공격적으로 변화할 수 있다.

화의 기운을 도와주는 색은 강한 빨간색, 녹색, 노란색이며, 감소시키는 색은 검은색과 흰색이다. 화의 에너지를 높이고자 한다면 녹색의 식물과 연한 초록색의 쿠션, 커튼 등의 소품을 사용하고 주황색이나 노란색 소품을 함께 활용해도 좋다.

빨간색은 행복, 따뜻함, 불, 정열, 풍요를 상징한다. 중국에서는 가장 상서롭게 생각하는 색깔이다. 지금도 전통 결혼식을 치르는 신부는 온통 빨간색으로 치장한다.

어떤 물질이든 활발한 운동이 일어나고 있을 때는 열이 발생하고 그로 인해 빨간색으로 변한다. 이것은 양이 절정에 이를 때 나타나는 색이다.

빨간색을 가진 물질은 에너지 운동이 활발하게 일어난다. 강렬한 기운을 내뿜는 빨간색은 에너지의 근원이고 자극의 주체다. 각 나라마다 차이는 있지만 흥분을 유발하며 힘을 상징한다. 투우사가 빨간색 천 물레타를 흔드는 것은 소를 흥분시키기도 하지만 관람객을 격양되게 만드는 것이 더 큰 목적이다.

보라색, 짙은 빨간색, 자주색은 모두 상서로운 색이며 존경을 의미한다. 보라색이 어울리면 옷을 잘 입는 사람이라는 말도 있듯이 쉽게 접근할 수 없는 색으로 우아하고 신비로운 기운이 발산된다. 자주색은 연꽃과 같은 색으로 종교적인 고귀함을 상징한다. 모든 여건이 갖추어진 상태에서는 길하게 작용하지만 그렇지 않았을 때는 흉작용이 강하다.

부와 권력의 상징 노란색(황금색)

노란색은 오행 중에서 토의 기운을 상징하며 방향은 북동쪽, 중앙, 남서쪽이다. 비옥한 땅을 상징하며 모든 생물을 도와준다. 토의 기운은 참을성이 많고 성실하며 예민하고 세심하다.

노란색은 지적인 능력을 강화시켜 주기 때문에 학습이나 음식과 관련된 업종에 사용하면 효과적이다.

노란색에 화의 기운인 빨간색이 더해지면 더욱 활동적인 공간이 된다. 또한 금의 기운인 흰색을 더하게 되면 토의 기운을 진정시키는 효과가 있다. 반면에 목의 기운인 푸른색, 수의 기운인 검은색을 함께 사용하면 토의 기운이 감소하고 상충하기 때문에 가급적이면 피하는 것이 좋다.

노란색은 조화, 안정, 풍요를 나타낸다. 흙의 일반적인 색이고 불변과 풍요의 상징인 황금의 색이다. 누렇게 익은 곡식과 풍성한 과일을 대표하기도 한다. 왕이 금관을 쓰고 황금 장식을 사용하는 이유가 있다. 황금색은 사방의 기운을 통치하는 색깔이기 때문이다.

노란색은 봄, 여름의 녹색과 가을, 겨울의 서리나 눈에 덮인 흰색의 조화를 이루고, 밤의 검은색과 낮의 빨간색을 중재하여 조화를 이룬다.

노란색은 특히 황금을 상상하게 되기 때문에 포장에 쓰이는 등 상품의 가치를 높이는 색으로 가장 많이 선호한다.

황갈색은 무거운 느낌을 주기 때문에 안정감이 필요할 때 사용한다. 또한 우아한 색이라 나이든 사람들이 선호한다. 황갈색이나 담갈색은 성공적인 새로운 출발을 의미한다. 희망이 없는 곳에서 새로운 가능성이 싹터 오르게 하는 색깔이다.

순수와 고요의 상징 흰색

흰색은 오행 중에서 금의 기운을 가지고 있다. 방향은 서쪽과 서북쪽이며, 계절은 가을이다. 신체의 장기로는 폐를 의미한다.

금의 기운은 안내자 기능을 하며 의사소통이 활발하고, 아이디어가 풍부한 반면에 슬프고 비관적이며 융통성이 없다.

흰색은 차고 견고해서 안정감과 늦가을의 풍성함을 지니고 있다. 그러나 흰색을 지나치게 많이 사용하면 고독함과 우울함을 주기 때문에 다른 색과의 조화가 필요하다. 금의 기운을 도와주는 토의 노란색을 함께 사용하면 효과적이고, 수의 기운인 검은색을 함께 사용하면 금의 기운을 강화할 수 있다.

흰색은 무지개색인 태양 광선의 색을 반사하기만 하고 흡수하지 않을 때 나타난다. 에너지 활동이 정지되기 직전의 색이다.

사람이 흰색을 보면 마음이 맑고 순수하고 고요해진다. 스스로를 들어내지 않는 특성을 가지고 있기 때문에 활발한 활동을 중지하고

휴식을 의미하는 색이다.

사람이 생활하면서 경험하는 문화적인 차이에 따라 색깔의 영향력이 결정되는 경우가 많다. 흰색의 경우 서양에서는 순수함을 상징하기 때문에 결혼식을 치르는 신부의 경우 흰색 드레스를 입는다. 이제 조심성 없게 생활하던 것(목, 화의 활동)을 중지하고(금의 작용) 아기를 낳고(수의 작용) 어머니가 되겠다는 표시다. 그러나 동양에서는 흰색이 겨울, 죽음, 휴식을 의미하기 때문에 상복에 주로 사용된다. 잠자리에서 흰색 이불을 덮는 것조차 꺼리기도 한다.

휴식의 상징 검은색

검은색은 오행 중에서 수의 기운을 가지고 있으며 방향은 북쪽이다. 수의 기운은 겨울과 물의 성질로 유동성을 가지고 있어서 느긋하고 긴장을 가라앉히고 차분한 편이다.

검은색은 심장의 박동을 느리게 하고 혈압을 낮추는 효과가 있어 스트레스와 긴장을 풀어주고 차분하게 대화를 나누거나 숙면을 취할 때 효과적이다.

수의 기운을 도와주는 색은 흰색, 푸른색이며 노란색과 빨간색은 수의 기운을 감소시킨다. 따라서 수의 기운을 높이기 위해서는 금속제품이나 보석류를 활용하거나 수족관이나 작은 어항 등 물을 이용한 소품을 활용하면 효과적이다.

검은색은 밤의 암흑과 숯의 먹빛을 말한다. 에너지를 소모하는 활동을 정지하고 있을 때 나타난다. 즉, 음이 최고인 상태일 때 드러난다.

일반적으로 검은색을 좋아하는 사람은 자신의 본성을 숨기고 겉모양은 그럴듯하게 갖추고 싶어 한다. 검은색은 권위와 규율, 금욕을 상징하며, 세련된 색이다.

검은색은 활동이 느리기 때문에 실제로 조명을 어둡게 하면 마음이 차분해지고 잠이 온다. 몸과 마음을 쉬게 하려면 집안의 조명을 어둡게 하고 벽이나 가구의 색깔을 어두운 것으로 하면 좋다.

핑크색은 사랑과 순수한 감정, 기쁨, 행복, 낭만을 나타낸다. 그래서 흔히 사랑을 핑크빛으로 표현한다. 애인을 갖고 싶은 여성에게 핑크 계열의 화장법을 권하는 이유도 여기에 있다.

오렌지색은 창조적이고 예술적인 색깔이다. 자극적이고 활동적이며 재미와 즐거움을 상징한다.

회색은 경계가 모호한 색깔이다. 따라서 개개인의 해석 여하에 따라 의미가 달라질 수 있다. 누군가에게는 암울하고 흐린 날씨처럼 좌절이나 희망 없음을 의미한다. 반면 다른 누군가에게는 서로 상반된 색인 흑과 백이 긍정적으로 결합되어 갈등을 해소하고 조화와 균형을 의미한다.

가장과 자녀의 성공 부르는 색

부를 상징하는 노란색(황금색)과 스트레스를 해소하고 지적 능력을 증진시키는 초록색은 재물운을 좋게 하고 가장의 성공을 돕는다.

노란색과 황금색 계열의 쿠션이나 소품, 노란색과 연녹색의 베개 커버, 초록색 싱크대 매트 등도 지출을 막고 재물운을 상승시킬 수 있는 소품이다.

아이의 방 역시 밝은 느낌을 주는 연녹색이나 노란색의 벽지, 커튼, 침대 커버를 이용하면 정서에 안정을 가져와 학습 능률을 높여준다.

패션 소품인 금테 안경이나 금 장신구를 착용하면 부의 기운이 상승한다.

5
그린 풍수인테리어로 기를 충전한다

1
꽃이 주는 기운은 색깔마다 다르다

꽃의 색깔은 심신에 매우 큰 영향을 미친다. 파란색 꽃은 정신적인 피로와 들뜬 감정을 진정시키고 자율신경의 균형을 잡아준다. 스트레스가 심하거나 자신을 절제하고 냉정한 판단을 필요로 할 때 장식하면 좋다. 나팔꽃, 맥문동, 블루 스타 등이 있다.

빨간색 꽃은 대뇌를 자극하여 신경을 흥분시키기 때문에 혈압상승의 효과가 있다. 기분이 좋아지고 혈액의 순환을 도와 신체를 따뜻하게 하고 식욕을 촉진시킨다. 저혈압증과 냉증에 도움이 되지만 심장이 약하거나 혈압이 높은 사람은 자극이 너무 강한 빨간색은 피하는 것이 좋다. 건강과 활력을 높이고 자신의 인상을 남기고 싶을 때 사용하면 좋다. 장미, 튤립, 동백, 철쭉 등이 있다.

노란색 꽃은 위장 계통에 치료 효과가 높아 소화 흡수력과 식욕을 증진시킨다. 또한 심신을 활성화시키고 가라앉은 기분을 밝게 해준다. 금전운을 높이고 기분을 밝게 하고 싶을 때 장식하면 좋다. 해바라기, 수선화, 민들레 등이 있다.

흰색 꽃은 안정감, 균형 감각, 순수함의 상징으로 다른 색을 돋보이게
한다. 흰색 꽃은 상하관계를 좋게 해주는 힘이 있다. 호흡 기관의 활성
화, 혈압의 안정, 진정 등의 작용을 하기 때문에 마음의 여유를 가져다
준다. 백합, 자스민, 아네모네, 안개꽃 등이 있다.

자주색이나 보라색 꽃은 흥분을 가라앉히기 때문에 불면증을 개선하
는 데 도움이 된다. 머리가 맑아지고 예술적인 감성이 살아난다. 아이
디어를 필요로 할 때 장식하면 좋다. 수국, 제비꽃, 라벤다 등이 있다.

미래가 불안할 때 도움을 주는 꽃

꽃도 음양으로 나뉜다. 양의 꽃은 빨간색, 노란색 등 따뜻한 색과 크고
화려한 꽃, 향기가 강한 꽃들이다. 장미, 카사블랑카, 양란 등이 있다.
자신의 능력에 한계를 느끼거나 실수를 했을 때, 미래가 불안할 때 장식
하면 효과적이다. 혈압이 낮을 때도 도움이 된다.

타인과 관계가 좋지 않을 때 도움을 주는 꽃

음의 꽃은 파란색, 자주색, 흰색 등 차가운 계통의 색과 연하고 작은
꽃들로 아이리스, 안개꽃, 마거리트, 스타치스(갯질경이과), 도라지꽃 등
이 있다. 시각적으로 상쾌하고 청초한 인상을 준다. 진정 작용이 있기
때문에 다른 사람과 관계가 좋지 않거나 혈압이 오르고 잠이 잘 오지 않
을 때 효과적이다.

중용의 꽃으로 핑크나 파스텔 톤의 색깔인 금어초, 스위트피, 패랭이 꽃, 벚꽃 등이 있다. 긴장 상태가 지속되어 스트레스가 많을 때, 적극적으로 일을 추진할 때 장식하면 긴장이 완화되고 편안한 기분이 들게 된다.

2
거실에 양기 강한 장미를 두면 행운 불러온다

생명이 있는 모든 것은 기를 가지고 있다. 꽃도 마찬가지다. 인체의 기가 흐트러져 상태가 나빠졌을 때 꽃이 지니고 있는 기를 실내로 끌어들이면 심신을 건강한 상태로 되돌릴 수 있다.

휴식을 주고 유연한 힘을 가진 꽃

온 가족이 모이는 거실에 양기가 강한 오렌지색 장미를 장식하면 가족의 활력을 높이는 데 효과적이다. 오렌지색 꽃은 마음을 편안하게 해주고 감성을 자극해서 가족 간에 화목을 도모하고 가족운을 올려주며 행운을 불러온다. 장미 향기는 피로 회복에도 도움을 준다. 또한 자녀가 잘되기를 바랄 때 장식하면 아이의 운이 좋아진다. 장미, 양란, 카사블랑카 등이 적합하다. 부엌에는 식욕을 돋우는 노란색 계열의 꽃이 적당하다. 오렌지색 거베라, 노란 국화, 팬지 등이다.

NASA의 연구 결과에 의해 거베라는 벤젠을 가장 효과적으로 제거한 식물로 알려져 있다. 사계절 구입이 가능한 거베라는 플라스틱 소재의 쓰레기봉투나 종이타월 그 밖의 가정용품 등에서 새어나오는 포름알데 하이드를 제거하기 때문에 부엌에 두는 것이 좋다.

노란 국화는 소화 흡수력과 식욕을 증진시키고 심신을 활성화한다. 스파티필름은 새로 칠한 페인트에서 나오는 휘발성 물질인 공업용 희석 제를 흡수하는 등 공기정화 능력이 탁월하므로 부엌에 두어도 좋다.

아이에게 좋은 기를 주는 꽃

아이의 침실에는 수면에 도움을 주는 파란색, 자주색, 흰색 등 차가운 계통과 연하고 작은 꽃들이 적합하다. 안개꽃, 아이리스, 스타치스 등도 숙면에 좋다.

공부방에는 신경을 안정시키는 달리아(국화과)가 안성맞춤이다. 컴퓨터 옆에는 피로회복에 좋은 국화나 전자파를 막아주는 튤립과 같이 수분이 많은 꽃이 적당하다. 컴퓨터에서 나오는 전자파는 꽃보다 잎에 의해 약화되기 때문에 화분 형태로 두거나 녹색 잎이 있는 상태로 꽃꽂이한다.

꽃, 이것만 알면 운이 올라간다

- 계절의 기를 가득 담고 있는 제철의 꽃이 가장 좋다.
- 꽃은 1m 이내의 기를 빨아들이므로 침실에 둘 때는 침대 근처는 피한다.
- 집안의 모서리 부분과 어두운 공간에는 나쁜 기가 모이므로 꽃을 장식해 기의 흐름을 좋게 한다.
- 조화는 피하고 생화를 사용한다.

3
고층아파트는 생토로 기를 보충한다

　고층아파트일 경우 지기가 현격히 떨어지기 때문에 보충해주기 위해서 발코니에 흙으로 정원을 꾸미면 좋다. 이때 인공 흙보다는 자연의 생토(生土)로 화단을 조성한다. 집안에 부족한 흙의 기운을 조금이라도 얻기 위한 것이니 생토라야 한다. 여의치 않을 때는 생토가 들어있는 화분을 나란히 배치한다.

　식물은 사철 푸른 것으로 하되 키가 크지 않아야 한다. 욕심을 내서 키 큰 식물을 놓는다 하더라도 지기가 약해 금방 생기를 잃는다. 고층아파트에서 화초 가꾸기란 쉽지 않다. 온갖 정성을 들여도 금방 시들해지는데 이는 지기가 그만큼 약하다는 증거다. 그렇기 때문에 고층에 거주하는 사람은 수시로 산을 오르거나 맨땅을 밟아 부족한 지기를 얻도록 해야 한다.

4
새집증후군은 풍수로 해결한다

식물은 집안의 공기를 깨끗하게 해줄 뿐만 아니라 실내 습도를 올리는 가습효과도 있다. 또한 식물의 싱그러운 녹색은 혈압을 내려주고 근육의 긴장도 풀어준다. 얼마 전까지만 해도 식물의 선택에 있어 관상용이 우선이었다. 하지만 요즘은 조경 등에 필요한 식물을 구입할 때 공기정화 기능과 친환경적인 것을 우선시 한다.

보통 공기정화 식물이라고 하면 산세비에리아를 먼저 떠올리게 되는데 음이온을 방출하는 기능을 갖고 있다. 그 외에도 포름알데하이드, 자일렌, 암모니아, 벤젠, 이산화탄소 등을 제거하는 식물들이 우리 주위에 굉장히 많다.

NASA의 연구에 의하면 인체에 해로운 오염물질이 있는 밀폐된 공간에 50여 가지의 식물을 넣어두었더니 24시간 안에 없어졌다고 한다. 그 가운데 포름알데하이드, 벤젠, 일산화탄소 등은 새집증후군을 유발하는 유해물질(VOC: 휘발성유기화합물)이기도 하다.

새 아파트에는 건축마감재, 카펫, 가구 등에서 방출하는 포름알데하이드, 벤젠 등 200여 가지의 유해물질이 발생하여 나쁜 기운으로 가득하다. NASA에서 연구한 50여 가지의 식물 중에서 정화능력이 뛰어난 식물 10가지를 발표(1989년)한 바 있다. 대나무야자, 아글라오네마, 아이비, 거베라, 드라세나 자넷크레이지, 드라세나 마지나타, 드라세나 마상게나, 산세비에리아, 스파티필름, 아레카야자 등이다. 그 밖의 벤자민, 보스톤고사리, 스킨답서스, 싱고늄, 파키라, 관음죽, 팔손이나무 등 대부분 실내식물들도 산소를 생성한다. 뿐만 아니라 휘발성 유해물질을 흡수 분해하는 역할을 한다고 알려져 있다.

실내 공간의 10% 정도만 식물로 채워도 아주 쉽고 경제적으로 휘발성 유해물질로부터 가족을 보호할 수 있으며, 건강운도 올릴 수 있다.

5
그린 풍수인테리어는 편안함을 안겨준다

  요즘은 자연친화적인 삶이 화두다. 자연을 집안으로 한껏 끌어들여 스트레스를 줄이고 편안함을 안겨주는 그린 인테리어는 풍수에도 적합하다.

  그린 풍수인테리어는 단순히 보고 즐기던 정적인 실내정원이 아닌 직접 체험하고 즐길 수 있는 동적인 정원을 말한다. 주거문화를 한층 더 업그레이드된 공간에서 누릴 수 있도록 식물은 물론 디자인을 기본으로 하는 자연친화 인테리어다. 즉, 아늑하고 편안한 휴식 공간 개념의 정원을 연출함으로써 공간을 더욱 아름답고 빛나게 해준다.

정서에 도움 주는 인테리어법

  실내 구석구석을 공기정화 식물 위주로 장식을 하고 취향에 맞게 가구를 배치한다. 아파트라는 한정된 공간에서 인테리어는 물론 치료, 공기정화, 정서적 효과 등을 직접 체험할 수 있다.

  그린 풍수인테리어를 할 때는 실내 면적과 식물 크기와의 조화를 우선 고려해야 한다. 또한 식물을 여기저기 정신없이 배치하여 산만한 느낌을 주거나 활동에 불편을 초래하지 않도록 해야 한다. 키가 큰 식물과 작은 식물, 단순한 식물과 화려한 식물 간에 통일감을 이루도록 질서 있게 배열해야 한다.

가정에서 기르는 식물은 대개 간접 채광으로도 생장할 수 있지만 할로겐 전구 등으로 옆에서 조명을 밝히면 녹색이 강조되고 더욱 우아한 분위기를 연출할 수 있다. 조명이 너무 가까우면 식물이 쉽게 마를 우려가 있으므로 최소한 20cm 이상의 간격을 유지해야 한다.

거실의 실내 정원화

식물을 기를 때 가장 보편적으로 이용되는 공간이 발코니다. 최근에는 정원 같은 거실을 꾸미는 경향이 두드러지고 있다. 그래서 발코니의 화분 일부를 거실로 옮겨오거나 발코니를 확장해서 하나의 공간으로 만들어 실내 정원을 꾸미는 경우가 많다.

거실은 가족 모두가 생활하는 공간이므로 공기를 깨끗하게 유지하는 것이 중요하다. 공기정화 효과가 뛰어나고 잎이 넓은 관엽식물이 좋다. 잎이 풍성한 벤자민, 고무나무, 스킨답서스나 이국적인 분위기가 나는 파키라가 어울린다. 또한 냄새를 잘 흡수하는 네프로레피스나 독특한 향과 살균작용이 있는 소나무 분재도 적당하다.

실내 면적의 10% 이상을 식물로 배치하면 습도가 20~30% 높아지고 겨울철 실내 온도도 2~3° 정도 상승하는 효과가 있다.

부엌에 적당한 작은 화분

부엌의 창가 선반에 작은 허브 화분을 여러 개 배열하면 잡냄새를 없애고 향기로운 공간을 만들 수 있다. 화분은 물기가 닿으면 곰팡이가 쉽게 생기는 소재를 피하고 도기류가 적당하다.

대바구니에 키가 작은 들꽃 다발을 오밀조밀 심어두면 부엌이 한층 풍요로워 보인다. 향이 지나치게 강한 꽃은 음식 조리에 방해가 될 수 있으므로 피하도록 한다.

욕실은 다른 곳보다 습하다. 그렇기 때문에 습기에 잘 상하지 않는 대나무 줄기 등을 활용해 단조로운 공간에 활력을 불어 넣도록 한다.

욕실에 암모니아를 잘 흡수하는 관음죽이나 이뇨작용을 돕는 치자나무, 변비에 좋은 나팔꽃을 두면 효과적이다. 허브를 활용해 눅눅한 냄새를 없애는 것도 좋은 방법이다. 민트, 컴프리, 레몬그라스, 레몬밤 등이 습기를 좋아하는 허브로 관리가 쉽다.

공기정화 식물, 이것만 지키면 산소가 가득하다

- 현관에는 실외의 대기오염 물질의 제거 기능이 우수한 벤자민이나 스파티필름 등이 좋다.

- 거실에는 휘발성 유해물질의 제거 기능이 우수하고 빛이 적어도 잘 자라는 벤자민, 대나무야자, 고무나무, 드라세나 등이 좋다.

- 침실에는 밤에 공기정화 기능이 우수한 호접란, 선인장 등 다육식물이 적합하다. 그리고 안개꽃과 라벤더 등 흰색과 파스텔 계열의 작은 화분의 꽃이나 식물도 안정감을 준다.

- 공부방에는 음이온 방출 및 이산화탄소 흡수 기능이 우수한 식물을 둔다. 기억력 향상에 도움이 되는 팔손이나무(음이온 방출), 파키라(이산화탄소 흡수), 로즈마리(기억력 향상) 등이 좋다.

- 부엌에는 요리할 때 발생하는 일산화탄소 제거 기능이 우수한 스킨답서스, 산호수, 아펠란드라 등이 좋다. 식탁 위에는 식욕을 자극하는 꽃잎이 크고 화려하지만 향이 은은한 아네모네, 작약, 리시안셔스(꽃도라지) 등이 적합하다. 투명한 유리컵이나 와인잔을 꽃병으로 이용하여 장식하면 훌륭한 꽃꽂이가 될 수 있다. 또한 녹색의 테이블 커버를 활용하면 컬러풀한 꽃과 잘 어울린다.

- 욕실에는 냄새나 암모니아 제거 기능이 우수한 관음죽, 스파티필름, 맥문동, 테이블야자 등이 좋다.

- 발코니에는 휘발성 유해물질의 제거 기능은 우수하지만 빛이 있어야 하는 식물인 팔손이나무, 분화국화, 시클라멘, 허브류 등이 좋다. 발코니에 정원을 만들 경우 차양시설을 하면 거실 배치용 식물도 이용할 수 있다.

6
가족 맞춤형 공간 배치 인테리어가 대세다

1
이사하지 않아도 집안이 일어날 수 있다

집은 가족의 건강과 안전 그리고 인격 형성에 많은 영향을 미친다. 그런데 주요 구조가 서로 조화롭지 못하면 여러 가지 불행한 일이 생길 수 있다. 그렇기 때문에 현재 살고 있는 집의 조화와 균형에 관심을 가져야 한다.

최근 공간의 기능성, 구조의 안전성, 형태의 아름다움을 강조하여 아파트 내부 공간도 기능과 친환경 부분에서 많은 성과를 거두고 있다. 그러나 아직도 많은 문제점을 지니고 있다.

풍수인테리어는 무미건조한 콘크리트 공간에 체질과 인성에 맞는 주거 공간을 새롭게 창출하는 것이다. 이사를 하지 않아도 집을 사랑하는 마음으로 꾸민다면 집안이 일어날 수 있다.

거실을
집안 기운의 중심으로 만든다

　주택에서 가장 중요한 공간은 거실과 침실, 부
엌이라고 볼 수 있다. 거실은 집의 중심 공간에
있는 것이 일반적이며, 침실보다 중심에 있기 때
문에 집의 기운이 가장 많이 모여 있다.

　거실이 집안의 중심축에 넓게 자리 잡고 천장
이 높다면 가장 이상적이다. 이런 거실에서 생기
는 좋은 기는 가족의 건강이나 사회적 활동까지
크게 촉진시켜 행운을 가져다준다. 이처럼 강한
생기가 모여 있는 공간은 낮에는 거실로 밤에는

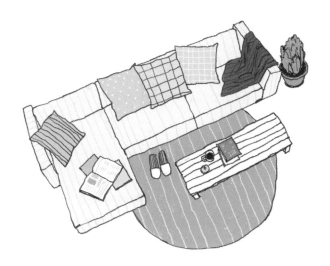

침실로 사용하는 것도 좋다. 물론 이부자리를 들고 움직이는 번거로움은 있지만 밤사이에 명당에서 받는 건강과 재물의 기운은 그 불편함을 보상하고도 남는다.

거실이 중심에 있지 않고 왼쪽이나 오른쪽으로 치우쳐 있으면 집안의 기운이 중심을 잡지 못해 불안한 집이 된다. 예를 들어 거실이나 침실과 같은 큰방이 집의 왼쪽과 오른쪽에 있고 중심에 작은방들만 있으면 기운이 흩어진다. 흩어진 기운은 가족 간에 불안과 혼란을 만들어 화합하지 못하고 건강을 잃으며 경제적으로도 손실을 보게 된다. 이럴 경우 가구나 소품 등을 이용하여 조화와 균형을 살려 거실을 중심 공간으로 만드는 비보 풍수를 하면 나쁜 기운을 막을 수 있다.

거실은 외부에서 유입된 기운과 내부의 기운이 합쳐지는 완충 공간으로 현관과 접한 곳에 있는 것이 이상적이다. 방문객이 왔을 때 집안 내부까지 노출되지 않아 가족들의 사생활을 보호할 수 있는 이점도 있다.

침실 인테리어가
집의 기운 결정한다

　아파트에서 부부 침실은 가장 큰방(안방)으로 집의 운을 결정하는 중요한 공간이다. 그래서 집 안을 다스릴 수 있는 위치에 있어야 한다.

　예를 들어 큰방은 동남쪽, 작은방은 서북쪽에 있는 구조의 아파트가 있다. 서북쪽이 가장의 방위라 하여 아버지가 작은방에 기거하고 아이에게 동남쪽의 큰방을 내줄 수는 없다.

　어떠한 경우든 큰방은 집안의 가장인 아버지가 기거해야 한다. 안정된 가정을 만들기 위함이다.

만약 큰방을 아이에게 내주고 작은방에 부부가 거주한다면 생활의 불편함은 물론 가장으로서 집안을 다스리지 못하고 지위마저 상실하게 된다. 가장이 제 역할을 못하는 집이 발전할 수는 없다.

큰방은 아버지를 상징하는 서북쪽이나 어머니를 상징하는 남서쪽에 있으면 좋다. 서북쪽 큰방에 아버지가 있으면 권위를 가지고 집안을 이끌어가게 되며 사회적으로도 성공한다. 반면에 큰방이 남서쪽에 있으면 어머니가 집안 경제권을 가지고 재물을 모으게 된다.

가상이법(家相理法)에 모두 맞는 구조라면 좋겠지만 그렇지 않을 경우 주어진 조건에서 방법을 모색해야 한다. 그 중 하나가 침대, 소파, 책상 등 생활가구 배치를 가상이법에 맞추어 이롭게 하는 방법이다.

외부의 기가 아파트 현관문을 통하여 집안으로 들어오면 거실을 거쳐 집안 전체 공간에 작용한다. 똑같은 기라도 집밖에 있을 때와 집안에 들어왔을 때가 다르다.

거실에 있는 기운도 방문을 통하여 방안으로 들어오면 또 다르게 변한다. 방안으로 들어온 기가 방향별로 어떻게 작용하는지를 살펴야 한다. 기가 좋게 작용할 수 있는 곳에 침대, 책상 등 가구 배치를 해야 한다.

방 가운데서 방문을 보고 측정한 기두(起頭) 방위와 같은 사택에 침대, 화장대, 테이블, 장롱 등을 두면 길하다. 그러나 전자파를 많이 발생하는 가전제품은 가능하다면 방에 두지 않는 것이 좋다.

방위에 맞는 가구 배치법

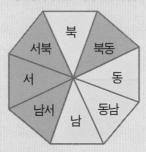

방안 한가운데에서 방문을 바라보며 나침판을 놓고 방문의 방
위를 측정하여 기두로 삼는다. 그리고 이 방위가 동사택궁(東四
宅宮:노란색 방위)인지, 서사택궁(西四宅宮:파란색)인지를 살펴 같
은 사택 방위에 침대, 책상, 장롱, 화장대 등 가구를 배치한다.
예를 들어 방문의 방위가 북쪽이라면 동사택궁이므로 가구를
북쪽, 동쪽, 동남쪽, 남쪽 방위에 배치하면 이롭다.

나에게 맞는
침실 방향을 정한다

침실 인테리어는 무엇보다도 정(靜)과의 조화가 가장 중요하다. 따라서 침실 환경을 자율신경의 휴식 분위기로 바꾸고 몸을 쉬게 하여 재충전의 공간으로 조성해 주어야 한다.

스트레스가 쌓이기 쉬운 현대인들에게는 침실을 심플하고 안정되게 꾸미는 것이 바람직하다. 침실은 단순히 기가 왕성한 위치로만 선택할 수는 없다. 여러 가지 방향에 대하여 좀 더 상세한 지식을 가지고 판단해야 한다.

가족 개개인에게 맞는 방위의 방을 사용하면 좋지만 이미 지어진 집에 들어가 살게 되는 경우가 대부분이다. 그래서 방위에 맞는 방을 선택할 수 없다면 잠을 잘 때 머리의 방향을 맞는 방위에 놓고 자면 된다.

젊은 사람에게 적합한 동쪽 침실

동쪽은 태양이 떠오르는 양기가 충만한 방향이다. 목의 기운이 강한 동쪽 침실은 건강하고 원기가 충만한 젊은 사람에게 적합하다.

체력이 약해지는 중년과 노년, 환자, 마르고 근육이나 뼈가 굵지 않은 사람에게 동쪽 침실은 부적합하다. 이런 경우 매일 자고 나서도 피로가 쌓여 정서불안에 시달리게 되고 그 결과 초조하게 되어 간의 기운을 소모시켜 몸 컨디션이 나빠진다. 동남쪽에 있는 침실은 60세 이상의 고령자에게는 좋지 않다. 특히 풍과 관련된 질병에 걸리기 쉽다.

양기가 강한 남쪽 침실

남쪽은 양기가 강한 방향이다. 화의 기운이 강한 남쪽 침실은 수면을 취하는 장소로는 적합하지 않다. 구조상 불가피하게 침실이 남쪽에 있다면 지나치게 밝은 기운이 숙면을 방해하므로 황토색 계열의 색깔을 이용해서 기를 조절하도록 한다.

남서쪽은 어머니를 상징하는 방위로 음양의 기운이 바뀌는 귀문방(귀신이 드나드는 방향)이다. 낡은 가구나 이불, 어두운 색깔은 음기를 강하게 하므로 화사하고 깨끗하게 침실을 꾸미도록 한다.

잠 많은 사람 주의해야할 서쪽 침실

서쪽 침실은 금의 기운을 가지고 있으며, 수면을 취하기에 좋은 방위다. 밤새도록 일하고 낮에 잠을 자야하는 사람에게는 최고의 방위다. 불면증 증세가 있는 사람에게도 좋다. 서쪽에 방이 없을 경우 잠잘 때 머리를 서쪽으로 두면 숙면을 취할 수 있다. 서쪽은 수면을 촉진하는 방향으로 지나치게 자는 경우도 있으므로 잠이 많은 사람은 주의해야 한다.

수면은 건강을 위해 필수적이지만 지나치면 신장의 기운을 소모시켜 요통, 발 장애, 성기능 저하, 심장이나 뇌혈관의 순환장애가 오기 쉽다. 서북쪽 침실은 아버지를 상징하는 방위다. 가장의 권위와 출세를 의미하므로 가구는 크고 고급스러운 것을 배치하여 운을 상승시키도록 한다. 서북쪽도 수면을 촉진하는 방향으로 마음이 인정되고 조용히 잠들 수 있다.

숙면에 좋은 북쪽 침실

북쪽 침실은 수의 기운이 강한 방위며 안정되고 조용하므로 숙면을 취할 수 있다. 단지 찬 기운이 있으므로 아늑하고 따뜻한 분위기로 꾸미고 통풍에도 주의해야 한다. 잠은 잘 들지만 중간에 깨서 잠이 안 오는 사람은 북쪽 침실이 좋다. 가구는 금속 재질은 피하고 나무 소재를 사용하여 수의 기운을 다스리도록 한다.

북동쪽 침실은 편안하고 조용한 휴식을 취할 수 있는 방향으로 병약한 사람에게 안성맞춤이다. 토의 기운이 강하고 음의 기운이 양의 기운으로 변하는 귀문방으로 침실을 피하는 경향도 있다. 하지만 음과 양이 교차하는 곳이므로 꼭 불길한 것은 아니다. 대신 유화(柔和, 부드럽고 따뜻한 성질)의 밸런스가 중요하므로 순한 분위기의 그림 등을 장식하면 좋다.

이사하기 좋은 날(移徙吉日)

집은 사람이 일생을 거주하는 중요한 생활공간이기 때문에 새집(건물)을 짓거나 이사하는 일은 중요하고 어려운 일이다. 새집을 짓거나 이사를 해서 가정의 운이 번창한 경우도 있지만 그 반대의 경우도 많다.

예전에는 이삿날을 정할 때 방소법(方所法, 天祿法)을 많이 이용하였는데 오늘날의 현실에 맞지 않아 거의 사용하지 않는다.

요즘은 태백살을 근거로 이사 용도의 손 없는 날로 주로 쓰고 있다. 음력 9일과 10만을 손 없는 날(흉신이 움직이지 않는 날)이니까 이사 가기 좋은 날이라고 한다.

태백살은 빈천, 고독, 잔병을 가져오는 흉살로 한 방위에 하루씩 머문 뒤 매일 움직인다고 한다. 1일(음력)은 동쪽, 2일은 동남쪽, 3일은 남쪽, 4일은 남서쪽, 5일은 서쪽, 6일은 서북쪽, 7일은 북쪽, 8일은 북동쪽에서 흉신(凶神)이 모든 일을 방해하지만 9일과 10일에는 흉신이 하늘로 올라가 살이 없는 날이라고 한다(1일에는 11일, 21일이 포함되며, 2일에는 12일, 22일이 포함되고, 나머지도 같다).

손 없는 날인 9일과 10일에는 이사하는 사람이 많아 비용이 많이 드니까 꼭 9일과 10일을 고집할 것이 아니라, 지금 살고 있는 집에서 이사 갈 집의 방향을 보아 그 방위에 태백살이 있는 날만 피하면 이사 비용도 줄이고 번거롭지 않게 이사할 수 있다.

아이방은 동쪽이나 동남쪽이 이상적이다

어린 시절의 주거 환경은 매우 중요하다. 태어나고 자란 집의 영향력은 성장해서까지 미친다. 어린 시절 시골에서 성장한 사람이 어른이 되어서도 나고 자란 장소에 대한 애착을 버리지 못하는 것이 이를 증명해준다.

남자아이는 동쪽, 여자아이는 동남쪽이 이상적

아파트에 사는 아이들 대부분은 자기 방에서 수면, 학습, 놀이를 병행하므로 다기능의 복합적

183

성격을 지닌 공간에서 생활한다고 볼 수 있다. 그래서 아이들이 육체적으로나 정신적으로 건강하고 공부를 잘하도록 하기 위해서는 환경 조성에 특별히 신경 써야 한다.

남자아이 방은 동쪽, 북쪽, 북동쪽이 좋다. 여자아이 방은 동남쪽, 남쪽, 서쪽이 이상적이다. 남자와 여자를 나타내는 방향이 구분되므로 이중 어느 것이라도 무방하다. 그러나 요즘은 두 명의 자녀가 보편적이므로 남자아이는 동쪽, 여자아이는 동남쪽이 가장 이상적이라고 하겠다.

Interior

공부방은 성격과 연령에 따라
배치를 바꿔준다

    햇빛이 잘 드는 곳을 공부방으로 꾸미면 건강
하고 밝은 아이로 자란다. 방에 해가 잘 들지 않
으면 병이 나거나 내성적인 아이로 자랄 수 있
으므로 주의해야 한다.

    어두운 방에서 자란 아이는 성격이나 건강에
문제가 생겨 결국 부모에게도 영향을 미쳐 걱
정이 떠날 날이 없고 가정 경제에 지출이 늘고
낭비의 원인이 되기도 한다.

    아이의 공부방 배치는 연령대에 따라 다르다.

공부방으로는 동쪽, 동남쪽, 북쪽 방향이 좋다. 특히 북쪽 공부방은 고3 수험생에게, 동쪽 공부방은 어린 아이에게 적합하다.

가장 적합한 북쪽 공부방

북쪽은 음의 기운이 많아 숙면을 취할 수 있는 동시에 활동을 준비하는 방위다. 아이가 잠자기에는 적당하지 않지만 차갑고 이성적인 방향으로 침착함과 차분함을 주어 공부방으로는 제일이다. 공부에 집중할 수 있도록 나무로 된 커다란 책상을 배치하면 안성맞춤이다. 다른 방향의 공부방인 경우에도 책상을 북쪽을 향해 배치하면 공부에 도움이 된다. 이때 책상 앞에 책장이 없는 것이 좋다.

아이의 성격이 매사에 꼼꼼하고 수줍음이 많으며 평소 소화에 문제가 있다면 북쪽 공부방을 사용하면 안 된다. 본래 성격에 양이 부족한데 음이 더해지면 우울해하거나 더 소극적으로 변한다. 반면 명랑한 성격이라

친구들과 밖에서 뛰어 놀고 싶어 하는 아이라면 아주 적합하다.

남자아이라면 그린색 계열로, 여자아이라면 핑크색 계열로 꾸며 주면 차가운 기운을 다스릴 수 있다.

무한 잠재력 발산하는 북동쪽 공부방

북동쪽 공부방은 음의 기운이 점차 양의 기운으로 변하는 방향으로 무한한 잠재력을 갖도록 해준다. 그러나 귀문방이므로 성격이 엄격하고 까다로워질 수 있다. 강렬한 색깔은 피하고 온화한 느낌의 색깔로 꾸며 주면 좋다.

남자아이에게 좋은 동쪽 공부방

동쪽은 태양이 떠올라 만물을 비추기 시작하는 곳이라 아이방으로 좋다. 한 예로 옛날 왕궁의 동쪽에 별궁을 지어 세자를 기거하게 했다. 그래서 세자를 달리 이르던 말이 동궁이기도 하다.

동쪽은 생기가 왕성하여 밝고 씩씩하며 진취적인 기상을 가져다준다. 자녀의 독립심을 키워줄 수 있는 최적의 장소다. 특히 남자아이에게 좋은데 여자아이의 경우는 말괄량이가 되는 경향이 있다. 하지만 공부방으로는 적합하다.

남자아이는 파란색이나 녹색 계통으로, 여자아이는 빨간색이나 핑크색 계통으로 꾸며주면 더욱 좋다.

여자아이에게 좋은 동남쪽 공부방

동남쪽은 온화하고 부드러운 기가 작용하므로 아이가 단아하고 원만하며 밝게 성장한다. 그러나 다소 유약하고 적극성이 부족해질 수 있다. 여자아이의 공부방으로는 최고다.

예술성 뛰어나게 하는 남쪽 공부방

남쪽은 정열적인 불의 기운이 강하므로 왕성한 활기로 창조적이고 예술적인 성향을 크게 형성해준다. 그러나 다소 감정적이고 화려함을 좋아하여 허영심에 들뜨기 쉽다. 미술 등의 재능이 뛰어나 예술방면에 진출할 가능성이 큰 방위다. 침착하고 차분한 느낌이 들게 하려면 파란색이나 황토색을 사용하면 기를 조절할 수 있다.

부적절한 남서쪽 공부방

남서쪽은 어머니가 거처하기 알맞은 방향으로 아이들에게는 부적합하다. 남서쪽에 공부방이 있다면 자녀의 책상을 북쪽에 배치하여 공부에 집중할 수 있도록 한다. 정리정돈을 잘하고 밝은 색깔과 원목의 가구를 사용하면 좋다.

성격이 급한 아이에게 적합한 서쪽 공부방

서쪽은 해가 지는 방향으로 아이의 공부방으로는 적합하지 않다. 그러나 많이 먹어도 살이 잘 찌지 않고 마른 체형이거나 성격이 급한 아이가 사용하는 것은 좋다. 공부방이 서쪽에 있으면 살도 붙고 마음도 느긋해져 실용적인 것만 생각하고 신중해진다.

특히 마음이 들떠서 밖에 나가 친구들과 놀기만 하고 진득하니 앉아서 공부하는 것을 싫어하는 아이에게 좋다. 또한 머리는 좋은데 노력을 하지 않아 학교 성적이 부진한 아이일 경우 공부를 잘하게 된다. 남다른 감성으로 문학이나 예술 방향에 두각을 나타낼 수도 있다.

잠이 많거나 게으른 아이는 서쪽 방은 쓰지 않는 것이 좋다. 게으름이 더욱 심해진다. 아이방을 동쪽 방으로 옮기려 해도 여의치 않다면 우선 방을 밝게 하고 밝은 색으로 꾸민다. 그리고 오후의 강한 햇빛을 잘 조절하는 것이 중요하다.

가늘고 뾰족한 잎의 식물이 심어진 화분을 놓는 것도 도움이 된다. 가구는 가급적 두루뭉술한 디자인보다는 현대적 감각의 세련되고 날렵한 것이 좋다. 또한 나무의 자연색을 그대로 살린 가구가 동쪽의 생기를 넣어준다.

주도적 성향 키우는 서북쪽 공부방

서북쪽 공부방은 금의 기운이 강해서 권위와 위엄을 부리고 모든 일을 자신이 주도하려는 경향이 강해진다. 아이가 지나친 자만과 우월감에 빠질 가능성이 크고 때로는 부모를 업신여기는 태도를 보이기도 한다. 그러나 책임감이 강해지는 장점이 있다. 자신의 입지가 약해지면 크게 실망하거나 말썽을 피울 우려가 있다.

커튼이나 침대 커버를 녹색 계통으로 꾸며주면 아이의 기를 적절하게 살려줄 수 있다.

부엌의 위치에 따라
음식 맛도 달라진다

음식을 만드는 부엌은 집안에서 중요한 역할을 담당하는 곳 가운데 하나다. 부엌의 위치에 따라서 기운이 달라지기 때문에 음식 맛도 달라진다. 부엌의 위치나 형태가 가족의 건강운을 결정짓기 때문에 매우 중요하다.

옛날에는 부엌이 구석진 곳에 있었으나 집에 대한 개념의 변화가 생기면서 거실과 같은 역할을 하게 되었다. 따라서 부엌은 거실과 가깝게 있을수록 좋다.

부엌은 집안의 중앙에 있으면 안 된다. 중앙은 기가 집중되는 곳으로 사람에게 필요한 산소가 모인다. 그러므로 산소 부족과 동시에 환기에도 문제가 생기게 된다. 현관문이나 욕실 옆에 있는 것도 좋지 않다.

부엌으로 적합한 위치는 신선한 산소 유입이 용이한 동쪽, 북쪽, 북서쪽이다. 그런데 실제로는 이 방향을 선택하여 설치하기가 쉽지 않다. 부엌이 어떤 방향에 있든 통풍이 잘 되게 하고 항상 청결을 유지하는 것이 중요하다.

서재는 북쪽이 적합하다

평수가 넓은 아파트에서는 남는 방을 서재로 꾸며 지혜로움을 얻는 공간으로 활용하면 좋다.

서재는 차분함이 있어야 하므로 가능하다면 북쪽 방향이 좋다. 북쪽은 오행으로 수의 기운이 있고, 오상(五常, 5가지 도리 인·의·예·지·신)으로는 지혜를 나타내는 지(智)에 속한다.

책상은 가능하다면 방문에서 대각선 방향에 있도록 하고 방문을 좌우로 볼 수 있게 배치하는 것이 좋다. 방문을 마주보거나 창문 바로 아래는 피한다.

　책꽂이는 책상과 일정한 간격을 유지하면서 벽을 따라 질서 있게 배치하는 것이 좋다.

　늦게까지 책을 보다보면 서재에서 잠이 드는 경우가 있는데 바람직하지 않다. 책에서 나오는 탁하고 무거운 기운이 몸을 상하게 할 염려가 있다. 책은 먼지가 많이 발생하므로 각별히 청결에 신경 써야 한다.

발코니 확장하면
비보책 지켜야한다

　발코니는 집안의 공기를 순환시켜주는 곳으로 아파트의 앞부분이다. 외부와 실내의 기가 순환할 때 급격한 유입과 유출을 방지하는 완충공간이라고 할 수 있다. 새시를 설치하여 기를 보존해주는 것이 필요하다.

　거실이 작다고 발코니를 확장하는 경우가 있다. 이는 기의 완충공간을 없애는 것이므로 좋지 않다. 이미 발코니를 확장했다면 꽃이나 화분을 이용하여 거실과 상생의 공간으로 만들도록 한다.

Interior

창문으로 보이는 경치가
또 하나의 액자다

　창문은 채광과 실내외 공기의 순환을 담당하
며 자연의 기운을 집안으로 받아들이는 통로다.
한편 바깥 경관을 조망하는 역할도 한다.

　최근 들어 건물이 대형화되면서 창문의 형태
도 차츰 커져 그 역할이 중요해지고 있다. 집안
에 액자를 달지 않더라도 창문을 통해서 보이
는 경치가 한 장의 풍경화가 될 수도 있기 때문
이다.

　집안에서 밖을 내다보았을 때 계절을 느낄 수

있다면 더할 나위 없이 좋은 집으로 생각한다.

창문은 외부 생명력을 받아들일 수 있도록 설치하는 것이 이상적이므로 햇빛과 바람이 들어오는 방향에 있어야 한다. 창문을 열면 마주하게 되는 바람이 실내에 생기를 만들어주기 때문이다.

창문을 바람이 지나가는 옆이나 지나가는 쪽을 바라보는 면에 설치하면 실내 기운을 빼앗는 형상이 되므로 좋지 않다. 바람이 기운을 훑어 나가기 때문에 실내 압력이 약해져 가족의 기운이 쇠해지고 원기를 잃게 된다.

좋은 기운 빠져나가는 큰 유리창

창문은 벽 중심에 설치하는 것이 가장 이상적이다. 그래야 벽에서 발생하는 진동이나 바람 소리가 아름답게 울린다. 창문이 한쪽으로 치우치거나 모서리에 있으면 진동이나 바람 소리가 불안정해진다.

창문은 바람과 빛을 받아들이기 위해 꼭 필요한 부분이다. 그러나 지나치게 넓으면 오히려 실내 기운이 밖으로 빠져 나가는 현상이 생기기 때문에 좋지 않다. 벽 한 면을 기준으로 창문 면적이 50%를 넘으면 기운이 빠져나가는 형태로 볼 수 있다.

유리는 기운을 통과시키기만 하고 사람에게 기를 전달하는 성질이 없다. 그렇기 때문에 유리창이 넓을수록 실내 기운에 좋지 않은 영향을 미친다. 실내는 너무 밝으면 기운이 분산되므로 약간 어두운 것이 좋다.

아파트는 지기와 지자기만 고려한다면 낮은 층일수록 좋다. 그러나 고층아파트가 밀집되어 있는 지역에서는 전후좌우 동이 모두 높기 때문에 낮은 층은 햇볕을 차단 당해 어둡다. 하루 종일 어둡고 햇볕이 들지 않는 그늘진 곳은 건강과 정서에 좋지 않은 영향을 준다.

CHAPTER
3

아파트에도 명당이 있다

1 아파트에도 명당은 분명히 있다

최근 아파트 공사현장을 보게 되면 산을 마구잡이로 깎거나 계곡 또는 논을 매립하여 택지를 조성하고 있다.

또 햇볕이 잘 드는 남향만을 선호하여 지세(地勢)와는 상관없이 일률적으로 세운다. 심한 경우 남향이라면 배산임수(背山臨水, 뒤로 산을 등지고 앞으로 물에 면하고 있는 지세)의 원칙마저 무시하고 이와 반대로 향하게 지은 곳도 있다. 이 경우 자연의 혜택을 전혀 받지 못하고 오히려 해를 입게 된다.

결론적으로 풍수에 맞는 입지조건을 고려한 아파트의 부지, 단지 및 동의 배치, 높이와 크기, 내부 설계, 배합사택(配合舍宅, 건물과 입구가 조화로워 기운이 순조롭게 순환됨) 등이 매우 중요하다.

2 귀한 인물 배출하는 아파트의 조건이 있다

＊야트막한 산들이 원을 그리듯 사방으로 감싸주고 있는 공간 속의
아파트 단지가 좋은 곳이다. 이때 부지는 평탄하고 원만해야 한다.

＊뒤에는 아담한 산이 있고 앞에는 물인 평평한 논이나 평지가 있어
야 한다. 즉, 배산임수가 되어야 한다.

＊논이나 평지로 흐르는 물이 감싸 안아주는 쪽에 있어야 한다. 물이
등지고 흐르면 발전이 없다.

＊집 뒤로 산줄기가 이어져 내려와 멈춘 곳에 있는 동이 좋다. 아파트
뒤로는 능선이 있고 앞에는 없으며 약간 낮은 전저후고(前低後高) 지형을
말한다.

＊아파트 동 좌우에 있는 산줄기가 마치 팔로 감싸듯이 안쪽으로 굽
어 있으면 좋다. 특히 오른쪽과 왼쪽 산 능선 사이 중간에 위치한 동은

좌우로 균형이 맞아야 좋다.

＊본래 생 땅 위에 건립한 아파트이어야 한다. 대단위 아파트 단지를 조성하다보면 산을 깎고 남는 흙으로 계곡과 논을 메워 그 위에다 짓게 된다. 계곡을 매립한 곳은 아무리 옹벽을 쌓고 배수시설을 잘하더라도 결국은 물길이라서 좋지 않다.

＊아파트 뒤로 산골짜기나 물길이 없어야 한다. 골짜기는 물이 흐를 뿐만 아니라 바람도 이동하는 통로다. 낮에는 산 아래에서 위로 바람이 부는데 골짜기를 따라 오른다. 밤에는 산 위에서 아래로 역시 골짜기를 따라 분다. 밤낮으로 변하는 바람이 쏘듯이 날카롭게 변하기 때문에 건강이나 재물운에 극히 해롭다.

＊높은 산을 깎아 만든 택지는 아파트 부지로 적합하지 않다. 좌우로 감싸주는 청룡 백호가 없거나 낮아 외부 바람으로부터 보호해 주지 못한다.

특히 산을 절개한 면과 바로 서 있는 아파트는 좋지 않다. 대개 산을 절개한 부분에 토사가 무너지지 않도록 옹벽을 쌓는 경우가 많다. 높은 아파트 벽과 옹벽 사이로 골이 형성되어 강한 바람이 유통되기 때문에 흉하다.

＊주변 산보다 높은 곳에 있는 아파트 부지는 피한다. 바람을 막아주는 산이 없으므로 아파트의 기를 보존할 수 없기 때문이다.

＊복개천, 습지, 쓰레기 매립지, 공동묘지였던 땅, 수맥이 지나는 자리, 전쟁터, 사찰이나 교회가 있던 자리 등은 피한다.

＊험한 바위나 자갈이 많은 땅은 지기가 순화되지 않기 때문에 아파트 부지로 부적절하다.

tip   풍수의 산과 물은 현대적 의미로 빌딩과 도로로 볼 수 있다.

3 무조건 남향은 풍수에 맞지 않다

명당의 조건을 갖춘 아파트 단지 안에서 동을 선택할 때 무엇보다도 중요한 것은 지형이다. 자연과의 조화는 전혀 고려하지 않고 무조건 남향을 선호하는 것은 많은 문제점이 있다.

예로부터 "3대가 적선해야 남향집에 살 수 있다"는 속담이 있다. 지형지세를 고려하여 남향의 집에 산다는 것은 그만큼 어렵다는 이야기다.

남향은 햇볕을 가장 많이 받는 길한 곳이지만 모든 집이 다 해당될 수는 없다. 분양만을 생각하는 건설회사가 자연지리 조건을 전혀 고려하지 않고 남향으로만 아파트를 짓고 있는데 이는 잘못된 것이다.

가장 좋은 방향은 산맥이 흐르는 곳으로 자연스럽게 건물을 세우면 된다. 결과적으로 뒤는 높고 앞은 낮아 전저후고와 배산임수 두 원칙에 모두 부합되면 좋은 방향이다.

아파트는 동 출입구와 거실 발코니가 향한 쪽이 정면이다. 출입구와 발코니가 반대인 경우 발코니가 향한 쪽을 앞으로 한다. 그러나 동 출입구와 발코니 방향이 다른 것은 좋지 않다. 일반 주택에서 집 앞쪽에 대문이 있는 것이 일반적인데 마치 뒤에 대문을 내는 것과 같은 이치다. 동 출입구와 발코니는 모두 지형적으로 낮은 쪽을 향하는 것이 정상적이다.

4 건강운과 재물운 있는 동은 따로 있다

아파트 부지와 동의 자리는 양택에서 가장 중요하다. 아무리 가상이 법이 훌륭하다 할지라도 풍수지리는 결국 지맥(地脈)에 의해서 그 길흉화

복 대부분이 판가름 난다. 같은 아파트 단지라도 발전하는 동이 있고 그렇지 못한 동이 있다.

어느 동에 사는 사람들은 평균적으로 입주 때보다 훨씬 경제적으로 나아진다. 반면 다른 동에 사는 사람들은 입주 전보다 어려워지는 경우를 보게 된다. 조금만 관심을 가지고 주위를 살펴보면 쉽게 알 수 있다.

한 예로 어느 동은 입주한 지 얼마 지나지 않았는데도 이사가 빈번하다. 보통 이사는 잘돼서 더 큰 집으로 옮기거나 잘못돼서 더 작은 집으로 옮기는 경우다. 그런데 입주한 지 얼마 되지 않아 이사하는 것은 대부분 좋지 않은 사정이 있기 때문이다.

이사가 빈번한 동은 풍수적으로 결함이 있는 곳이라고 생각하면 틀림없다. 풍수에 맞는 좋은 아파트 동은 주변 자연환경과 대지와의 조화와 균형을 잘 이루고 있다.

5 좋은 기를 받는 동 선택법 있다

＊아파트 동과 동이 병렬 또는 직각으로 배치된 동이 좋다. 동을 비스듬하게 배치하면 동의 각진 모서리가 다른 동의 기와 충돌하여 나쁜 영향을 준다.

＊일렬종대로 배치된 동은 좋지 않다. 앞 동과 뒤 동이 벽이 되어 기의 흐름을 막는다. 특히 대도시에서는 밤에 산 위에서 불어오는 신선한 공기를 앞 동이 막아 기의 소통을 방해한다. 신선한 바람이 벽에 부딪치면 위나 옆으로 빠져나가 오염된 공기를 몰아내지 못하기 때문이다.

＊이열종대로 배치된 아파트 사이의 맨 마지막 동은 해롭다. 동 사이에 좁고 길게 난 통로로 강한 바람이 불어 그 건물을 치기 때문이다. 또 바람이 아파트와 부딪치면서 주위의 기를 교란시키므로 주변 동에까지 영향을 끼친다.

＊아파트를 향해 난 길이 찌르듯이 직선으로 있으면 좋지 않다.

＊동 배치를 지그재그 식으로 한 것도 좋지 않다. 기의 흐름을 교란시키고 산만한 환경을 만들어 안정을 잃게 한다.

＊단지 중심부에 상가가 있으면 좋지 않다. 아파트 단지에 기가 가장 많이 집중되는 곳인데 상가에서 배출되는 냄새 등으로 오염될 수도 있다.

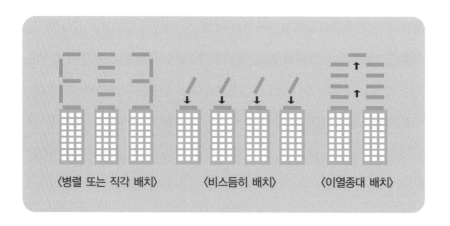

〈병렬 또는 직각 배치〉　　〈비스듬히 배치〉　　〈이열종대 배치〉

216

6 나무가 자라는 높이가 아파트의 높이로 적당하다

지구상에 존재하는 모든 동물과 식물은 땅의 지기를 받아 살아가고 있다. 사람 역시 지기를 받지 못하면 살 수 없으므로 높이 있는 곳은 결코 좋을 리 없다.

지구는 남북을 축으로 하는 거대한 자기장으로 형성되어 있다. 다시 말해서 지구는 하나의 자석과 같기 때문에 지표면은 자력(磁力)을 발생시킨다. 이 자력이 있어야만 동물과 식물들이 생태계를 유지하면서 살아갈 수 있다.

지표면에서는 위도에 따라 차이가 있지만 평균적으로 0.5가우스(gauss, 자기의 단위, 전자 단위) 정도의 지자기가 발생한다고 한다. 참고로 남극과 북극은 46가우스 정도의 아주 센 자기장이 발생한다는 연구도 있다.

　보통 나무가 자라는 높이까지는 정상적인 지자기의 영향이 미치지만 그 상층부부터 점차 약해진다. 따라서 아파트에서 사람 살기에 적합한 층은 가장 큰 나무 높이 정도인 약 15m(1층은 2.6m~2.7m)로 6층 이내다. 그 이상은 땅에서 나오는 지기가 점차 희박해진다고 보면 된다. 15m 이상은 0.25가우스로 떨어지므로 인체의 저항력 역시 반감한다는 주장도 있다.

7 고층 아파트도 명당이 될 수 있다

 지자기와 혈액순환은 밀접한 관계가 있다고 한다. 만병통치의 건강상품으로 자석요가 인기를 끌었던 적이 있었다. 고층에 사는 사람이 늘어나면서 지자기 부족으로 인한 질환이 많았는데 이를 자석으로 보충해 효과가 발생한 것으로 추측한다. 지자기뿐만 아니라 아파트의 고층은 지기를 제대로 받을 수 없다. 설사 지기가 고층까지 올라간다 하더라도 바람의 영향으로 쉽게 흩어지고 만다.

 기는 바람을 만나면 흩어지는 성질이 있다. 더욱이 주변 산보다도 더 높은 층은 아무리 좋은 길지명당(吉地明堂)이라 할지라도 청룡 백호와 안산을 비롯한 자연 혜택을 전혀 받을 수 없다.

 공중에는 지표면과는 다른 기압이 형성되어 있다. 심한 제트기류를 받아 밤낮으로 바람 소리가 심하게 들려 정상적인 생활이 어렵다. 또 기

압이 다르기 때문에 저층에 살던 사람이 고층으로 올라가면 손발이 붓고 코피를 흘리는 경우까지 있다.

아무리 외벽이 튼튼한 건물이라도 외부의 강한 기압을 받으면 내부에도 영향이 있다. 간혹 시골에 살던 노인들이 도시의 고층아파트에 사는 자식들 집에 왔다가 하루도 못 견디고 바로 내려가는 경우가 있다. 연구에 따르면 무의식적으로 자기 몸을 보호하려는 본능적인 행동이라는 것이다.

아파트는 지기와 지자기만 고려한다면 낮은 층일수록 좋다. 그러나 고층아파트가 밀집되어 있는 지역에서는 전후좌우 동이 모두 높기 때문에 낮은 층은 햇볕을 차단당해 어둡다. 하루 종일 어둡고 햇볕이 들지 않는 그늘진 곳은 건강과 정서에 좋지 않은 영향을 준다.

또 주변의 높은 건물이 고압(高壓)하는 형상이므로 기가 약해질 수 있다. 따라서 사람이 살기에 가장 적합한 곳은 6, 7층 이하 항상 햇볕이 들

어오고 답답함이 없는 층이라고 할 수 있다.

지금 살고 있는 아파트가 고층일 경우 지기가 현격히 떨어지므로 이를 보충해주기 위해서 발코니에 정원을 꾸미면 된다. 이때 흙은 자연의 생토로 조성해야 한다. 집안에 부족한 흙의 기운을 조금이라도 얻기 위한 것이다. 여의치 않을 때는 생토가 들어있는 화분을 배치하는 것도 방법이 될 수 있다.

고층에 거주하는 사람은 수시로 땅을 밟아 부족한 지기를 얻도록 노력해야 한다.

8 아파트 1층, 주차장으로 활용하면 좋지 않다

아파트의 외부 모습은 대기 중의 기를 처음 맞아들인다는 점에서 매우 중요하다. 기는 모양이나 형태가 있지 않고 접하는 사물의 모습에 따라 변한다.

대기 중에 있는 바람이 예리한 각을 접하면 날카로워지고, 원만한 원을 만나면 순해진다. 따라서 아파트 외관 모습은 네모반듯하거나 부드러운 곡선을 하고 있는 것이 좋다. 모양을 멋있게 한다고 각을 많이 주거나 복잡하게 하면 흉상이다. 외관은 단순하면서도 안정감이 있어야 한다. 또 한 동의 크기가 너무 크지 않은 것이 좋다.

아파트 1층을 터놓고 주차장으로 활용하는 경우가 있다. 이는 지기의 상승을 차단하게 된다. 수직으로 상승하는 지기는 건물의 외벽을 타고 위층으로 올라가는데 아래를 터놓아 바람이 통하면 흩어지고 만다.

출입문이 앞뒤로 있는 곳도 역시 바람이 통하여 기가 보존되지 않으므로 한쪽 문은 폐쇄하여 사용하지 않는 것이 좋다. 지붕이 있는 아파트가 그렇지 않은 곳보다 천기를 받아들이고 보호하는 데 유리하다. 지붕 모양은 기운을 통일시켜주는 삼각형으로 적당한 기울기가 있어야 한다. 심하게 경사진 지붕은 오히려 흉하다.

Apartment
風水
Interior